四川美术学院学术出版基金资助

Study on the Architectural Thoughts
and Conservation Theory of
John Ruskin

约翰·拉斯金

建筑思想及其保护理论研究

郭

龙　著

中国建筑工业出版社

图书在版编目（CIP）数据

约翰·拉斯金建筑思想及其保护理论研究 = Study on the Architectural Thoughts and Conservation Theory of John Ruskin / 郭龙著. —北京：中国建筑工业出版社，2022.6

ISBN 978-7-112-27334-8

Ⅰ.①约… Ⅱ.①郭… Ⅲ.①建筑学—研究—英国 Ⅳ.①TU-0

中国版本图书馆CIP数据核字（2022）第066531号

本书以论述拉斯金的建筑思想为主要内容，融合其在艺术评论、散文、小说、社会、经济等方面的观点，较为全面地阐述了其建筑思想与保护理论的源流。在建筑思想方面，作者总结并归纳了拉斯金建筑理论中的四种典型价值；在保护理论方面，则结合19世纪英国历史建筑保护发展史，阐述了拉斯金建筑保护思想的提出及其应用过程。最后，作者结合当下我国建筑遗产保护现状，从理论层面探讨了拉斯金保护思想的当代价值。本书适用于建筑学、城市规划、遗产保护等专业从业者及相关政府部门阅读参考。

责任编辑：张　华　唐　旭
书籍设计：锋尚设计
责任校对：姜小莲

约翰·拉斯金建筑思想及其保护理论研究
Study on the Architectural Thoughts and Conservation Theory of John Ruskin
郭　龙　著

*

中国建筑工业出版社出版、发行（北京海淀三里河路9号）
各地新华书店、建筑书店经销
北京锋尚制版有限公司制版
北京中科印刷有限公司印刷

*

开本：787毫米×1092毫米　1/16　印张：15　字数：245千字
2022年6月第一版　　2022年6月第一次印刷
定价：**58.00**元
ISBN 978-7-112-27334-8
（37781）

前　言

✦

　　一百七十多年前，约翰·拉斯金（John Ruskin）在《建筑的七盏明灯》中指出，建筑应具有七种原则，即奉献、真实、力量、优美、生命、记忆与遵从。然而，在近代建筑发展的历程中，这些明灯曾一度隐没于现代主义的巨浪与后现代各种奔涌的思潮中。或许人类只有在经历彻底的理性信仰与价值虚无之后才能发现自身存在的意义，只有不断地仰望星空与回溯历史中才能坚定地踏步前行。如今，当我们再次思考建筑存在的意义时，不禁感慨拉斯金的那些话语依然睿智并充满哲理。

　　建筑具有记忆的力量，拉斯金以优美的文笔不断地提醒我们。世界上只有诗歌与建筑才有如此强大的力量让我们得以对抗遗忘，而后者却比前者更加真实。人类如果想要"记得"，便不能没有建筑。正是因为建筑会成为我们存在的证据，因此"若要动手建造，便应为建筑的长久存续而做好准备"！让我们在堆叠每一块石头、放置每一片砖瓦时，都要设想将来这些砖石瓦片会因我们双手的触摸而变得神圣。建筑不仅存储记忆，还是链接人类过去与将来的桥梁。因而，我们既要保护好祖先的遗产，也要令当下的建造在未来呈现意义。让后人在瞻仰建筑的精美质地时，会怀念他们的祖先，并赞颂我们的功绩。

　　建筑是跨越时间的艺术，可以陶冶世人的情操。因而"建筑最可歌可颂，最灿烂辉煌之处不在其珠宝美玉、金阙银台，而是其年岁。在于它渴望向我们诉说往事的唇齿，在于它年复一年、不舍昼夜地为我们守望的双眼；在于受尽多少世代、人来人往的浪潮拍打后，从它各面门墙上，为我们所感受到的那不可思议而又无以言喻的慈悲之心。"不同于线条与形体组合所产生的优美，这是一种混合了自然、往昔、破败与崇高的"如画美"，是建筑的高级审美形式，可给人以丰富的历史想象与情感体验。

拉斯金不仅从道德与情感上呈现了建筑的价值，也给出了具体的保护建议：对于那些古建筑，我们需要做的是将其视为珍宝，持续且悉心地维护。及时替屋顶嵌入几面铅板；或者及时替水道清除残枝枯叶，令屋顶与墙面免于毁损崩坏；或者进行一些显而易见的结构加固，将倾垂之处用木材支撑；又或者仅替换局部损坏的构件，将松弛之铁条重新牢固；保持其斑驳的外表时，而不必在意这些修补是否有碍观瞻。

上述言论大部分出自拉斯金《建筑的七盏明灯》（谷意，译）中的"记忆之灯"一章，但拉斯金的思想精华却不限于此章，其他"明灯"同样蕴含深刻的艺术、美学、社会、文化、宗教、道德等价值。如在"真实之灯"中，拉斯金说，新建筑应真实地建造，而不以一种材料伪装成另一种材料，其结构也应真实地展示其风格样式。对于古建筑，"真实意味着完整的历史显现，任何修复都是一种破坏与谎言"。对于那些已经损毁或坍塌的建筑，我们更应诚实坦率，与其修复不如让建筑有尊严地寿终正寝。即使毁于无形，也好过在原址上重建一座与之相仿的新物。拉斯金的言语间迸发着强烈的情感、睿智的思考与毫不妥协的精神。

时至今日，拉斯金关于建筑的论述已经成为建筑学与遗产保护专业的经典文本。然而，其建筑保护思想却仍未形成系统性理论成果，相关研究也停留在较为浅显与零碎的层面。究其原因则可大致归于以下几个方面：其一，拉斯金的建筑思想中含有浓厚的宗教色彩，以及强烈的"保守性"特征，从而拉宽了我们与他之间的时空距离；其二，当下主流遗产理论与实践似乎更钟情于修复而非保护，他所提出的原则似乎在今天看来也无法完全实现；其三，中国传统的大众审美往往喜欢圆满与完整，人们更愿意看到完整的古迹，而非它的残破状态。

值得庆幸的是，随着中国综合国力的增强及国人物质生活品质的提升，大众的审美意识也在悄然转变（按照马斯洛的需求层次理论，人们只有在达到高级阶段时才会关注自我价值的实现）。传统文化的升温与历史记忆的发掘也在不断激发人们的"思古"与"怀旧"之情，历史古迹的保护与修复已经成为当下热门的显学。或许在不久的将来，拉斯金所赞赏的那种融合了崇高的"如画"景观会在遥远的东方再次呈现。

与其说拉斯金展现了建筑的七种品德，不如说他建构了一套处理建筑存在与人类存在的关系原则，建筑保护的思想就蕴含其中。因此，拉斯金建筑思想的研究不在于其保护方法的探究，而在其价值的梳理与体系的构建。作者以"质性研究"为方法，结合其人生经历和在绘画、艺术评论、小说、散文等方面的观点，系统阐释其建筑思想与保护理论，着重其意义的解读与价值的归纳。基于上述考虑，作者将本书划分为三个主要部分：

第一部分，以分析、梳理、总结拉斯金建筑思想中的典型价值为主，将建筑的七种原则归纳为历史、艺术、岁月与社会文化四种价值类型。或许有学者会认为这种归纳有硬套之嫌，然而我们应理解，拉斯金的建筑思想如果无法与当下现行的价值体系相结合，其思想也将失去现实意义。

第二部分，结合19世纪英、法两国历史建筑保护发展史，重点分析拉斯金与法国建筑师维奥莱·勒·杜克在理论与实践层面的异同。其后则结合莫里斯及其英国古建筑保护学会的实践，阐述拉斯金建筑保护思想的应用与发展过程。最后一节，则重点介绍了李格尔文物古迹价值体系的建构过程，以及他与拉斯金在思想理论层面的关联。

第三部分，结合当下我国建筑遗产保护现状，从理论层面探讨拉斯金保护思想所带来的启示与思考。并就遗产保护人才的审美意识培养、宗教建筑遗产保护观念的更新、适应性改造与利用、过度性和破坏性修复的避免等话题，结合案例分析进行讨论。

总而言之，作为一种特殊的人工制品，建筑遗产的保护从来不以单纯的物质性保存为目的，其措施与方法的制定应以历史保存和文化延续为目的，以慰藉人类心灵与满足精神需要为最高追求。因而，对于今天的历史建筑保护而言，拉斯金当年所提出的建筑思想与保护理念依然具有重要的现实意义与参照价值。

2018年6月

写于北京建筑大学西城校区

目 录

✤

第1章　绪　论　/ 1

    1.1　国内外研究现状　/ 3

    1.2　研究的意义　/ 6

    1.3　主要研究内容　/ 8

第2章　拉斯金建筑思想形成过程及其特征　/ 13

    2.1　生平与著述　/ 14

    2.2　宗教因素的影响　/ 19

    2.3　艺术的道德观　/ 23

    2.4　对于艺术的认识　/ 25

    2.5　建筑思想的特征　/ 27

第3章　拉斯金建筑思想中的典型价值及其呈现　/ 35

    3.1　历史价值的显现：真实与记忆　/ 39

    3.2　艺术价值的真谛：美与真实　/ 62

    3.3　岁月价值的内涵建构：生命与美　/ 87

    3.4　社会与文化价值的呈现：奉献、权力与遵从　/ 108

第4章　拉斯金建筑保护理念的形成与传播　/ 115

4.1　19世纪初的历史建筑保护实践　/ 116

4.2　拉斯金与反修复运动的兴起　/ 136

4.3　莫里斯的建筑保护理念与实践　/ 160

4.4　李格尔的价值体系建构　/ 176

4.5　拉斯金建筑保护理论的传播与影响　/ 193

第5章　拉斯金建筑保护理念的启示与思考　/ 197

5.1　拉斯金建筑保护思想的启示　/ 198

5.2　拉斯金建筑保护思想的思考　/ 206

参考文献　/ 224

后记　/ 231

第 1 章

绪 论

维多利亚时代初期，英国在工业革命与殖民扩张的双重推动下国力开始达到巅峰状态，经济与文化空前繁荣。同时，社会结构变动导致贫富分化加剧，以基督教信仰为根基的道德标准与价值观念开始松动。资本主义深入发展，蒸汽驱动的工厂替代了传统的手工作坊，但批量生产的机械制品却无法达到手工的精细品质，呈现的只是廉价与粗糙的形象。人口迁移与工业生产带动空间需求，从而刺激了城市扩张与建筑业的繁荣。新兴资产阶级在不断的风格变换中寻找适合自己的审美趣味，折中主义与复古装饰成为时代潮流。同时，大量中世纪的建筑遭到破坏，英国古建筑的保护与修复则仍处于早期探索的阶段。

正是在这一社会背景下，日后被誉为英国贤哲的艺术评论家约翰·拉斯金（John Ruskin）开始进入公众的视野。通过著述与演讲，拉斯金深刻影响并改变了19世纪后半叶英国公众对于绘画与建筑的认知，几乎凭一己之力塑造了维多利亚时代的公众审美。拉斯金一生著述颇丰，内容涵盖了诗歌、小说、绘画、建筑、艺术评论、艺术教育、社会经济等多个方面，其作品具有深厚的人文修养与道德情怀。

在建筑方面，拉斯金赞赏哥特式建筑所具有的"真实"品质，并为诺斯莫尔·普金（A. W. N. Pugin）领导的"哥特复兴运动"推波助澜，其思想与行动更是开启了英国古建筑保护新篇章。特别是与其学生威廉·莫里斯共同倡导的"工艺美术运动"（The Arts & Crafts Movement，1888）引发了人们对于工业化的反思，并为"新艺术运动"在欧洲的全面兴起奠定了基础。

1.1　国内外研究现状

作为19世纪英国重要的思想家，拉斯金的艺术理论及美学思想不断被各国学者所研究，其著作也不断被再版发行。至21世纪，拉斯金的思想早已弥散到世界各国的文化之中，俄国文豪托尔斯泰、爱尔兰剧作家萧伯纳、法国意识流小说家普鲁斯特、印度圣雄甘地，以及现代建筑巨匠勒·柯布西耶都曾受到拉斯金的影响。

早在20世纪初，英国学者便已开始对拉斯金进行系统性研究，如作家弗利德里克·哈里森（Frederic Harrison）于1907年出版了《约翰·拉斯金》（*John Ruskin*）一书，艺术评论家柯林·伍德（William Gershom Collingwood）与作家兼诗人阿瑟·克里斯托弗·本森（Arthur Christopher Benson）于1911年分别出版了《约翰·拉斯金生平》（*The Life of John Ruskin*）与《拉斯金：品格研究》（*Ruskin: A Study in Personality*），对其人生境况进行了详细描述；其艺术理论方面，1984年J. L.布拉德利出版的《批判的遗产：拉斯金卷》（*John Ruskin：The Critical Heritage*）是一部对于拉斯金作品进行评价的汇编，反映了当时人们对其思想的论断及看法。亨利·拉德（Henry Ladd）1932年所著《维多利亚时代的艺术道德：拉斯金美学分析》（*The Victorian Morality of Art: An Analysis of Ruskin's Esthetic*）则把拉斯金的思想置于整个维多利亚时期的历史背景中进行考察，记录和解说了他所生活时代的诸多信息。1971年出版的《约翰·拉斯金美学和批判理论》（*Aesthetic and Critical Theory of John Ruskin*）一书是美国布朗大学艺术史教授乔治·P. 兰道（George P. Landow）研究拉斯金艺术思想的力作。此后，兰道在1985年出版的《拉斯金》（*Ruskin*）及在1998年与他人合著的《维多利亚思想家：卡莱尔、拉斯金、阿诺德、莫里斯》（*Victorian Thinkers: Carlyle, Ruskin, Arnold, Morris*）两部书中对拉斯金的美学和批判理论进行了更加全面的分析。社会与经济方面，英国经济学家史克威尔（W. D. Sockwell）在2003年的《政治经济学历史》（*History of Political Economy*）上发表了"约翰·拉斯金的政治经济学"（John Ruskin's Political Economy）一文，专门探讨了拉斯金对于英国政治经济的主张与态度。在艺术教育方面，博洛尼亚大学的威廉·格兰迪（William Grandi）于2010年在博洛尼亚大学主办的学术季刊

《教学研究》(*Ricerche di Pedagogia e Didattica*)上发表了《英国乌托邦社会主义视野中的教育、社会和艺术》(*Education, Society and Art in the Vision of British Utopian Socialism*)一文，主要讨论了罗伯特·欧文、拉斯金及威廉·莫里斯对于教育、社会与艺术在英国乌托邦主义视野中的发展问题。

　　国内方面，20世纪20年代国内学者开始介绍拉斯金及其著作的文章，包括学贯东西的"清末怪杰"辜鸿铭与著名的翻译家严复。1913年，李叔同也在《近世欧洲文学之概观》中，对拉斯金的《现代画家》进行了介绍，并将其称之为19世纪的预言家、英国美术评论之先辈。①开始对拉斯金思想进行系统性研究的则是无产阶级革命家李大钊，主要研究内容则集中于拉斯金的社会与经济理论。此后，至20世纪末，不断有拉斯金的艺术理论、小说、散文与随笔等零散作品被译介为中文。②21世纪初山东画报出版社、生活·读书·新知三联书店、广西师范大学出版社等才开始陆续译介拉斯金的艺术与建筑理论作品，主要包括《现代画家》《艺术十讲》《艺术与道德》《透纳与拉斐尔前派》《建筑的七盏明灯》《建筑的诗意》《威尼斯的石头》《过去》等。此外，还有拉斯金的散文与小说不断再版。

　　当前，国内学者对于拉斯金的研究主要集中在艺术理论与美学思想方面。如东南大学刘须明教授于2010年出版的《约翰·罗斯金艺术美学思想研究》一书，介绍了拉斯金艺术美学思想的基本特征，以及拉斯金的绘画美学与建筑美学思想；石家庄铁道大学的魏怡博士于2014年出版《罗斯金美学思想中的宗教观》一书，从绘画美学和建筑美学两个维度阐述拉斯金美学思想中的宗教观，以及探索拉斯金思想与著作中的人文关怀与道德诉求；中央美术学院人文学院刘立彬于2004年提交的硕士毕业论文《罗斯金美学思想研究》，则从拉斯金所处的环境出发，探讨其美学思想中的历时性与共时性关系，并就其视觉艺术形式构成与宗教影响下的美学思想进行了分析。此外，2008年由中国社会科学出版社出版的《西方美学史》第三卷，对拉斯金的美学思想也进行了总结与论述。

　　近年，国内也有拉斯金的建筑思想相关研究成果发表，如清华大学建筑学

① 郑立君. 20世纪早期罗斯金艺术思想在中国的译介 [J]. 艺术百家，2015（03）：134–137.
② 周玉鹏. 约翰·拉斯金研究状况综述 [C] // 世界建筑史教学与研究国际研讨会. 清华大学，2009：291–315.

院周玉鹏博士的《约翰·拉斯金研究状况综述》一文具有重要价值，文章简要介绍了拉斯金的生平及后世影响，重点介绍了国内外对于拉斯金理论思想的研究状况，内容全面，举例翔实。同时，文中也对拉斯金的艺术思想、社会思想及相关理论研究进行了评价，就自己的研究主题、思路与创新点进行了说明，并从视觉审美、道德说教、审美的道德三个方面阐述了个人对拉斯金思想的研究心得；武汉理工大学土木与建筑学院王发堂副教授于2009年第11卷第6期东南大学学报（哲学社会科学版）发表了《罗斯金艺术思想研究——兼评"建筑的七盏明灯"》一文，深入分析了拉斯金典型美与活力美产生的源泉，以及拉斯金建筑艺术思想中的哥特风格和自然主义双重性问题；2011年，由芬兰历史建筑保护专家尤嘎·尤基莱托（Jukka Jukilehto）博士著述，中国文化遗产保护专家郭旃先生翻译的《建筑保护史》（*A History of Architectural Conservation*）一书面世，对于系统介绍西方建筑保护思想的形成与发展起到了重要作用，此书第七章对拉斯金的建筑保护思想主张及其后续发展进行了相对全面的介绍；2014年，北京建筑大学文法学院秦红岭教授于《华中建筑》第11期发表《论约翰·罗斯金的建筑伦理思想》一文，文章以拉斯金的七盏建筑明灯为主要讨论对象，对建筑的宗教伦理功能、建筑的基本美德和建造中的劳动伦理进行了论述，肯定了拉斯金建筑伦理思想对当代建筑发展的价值与重要意义。2017年，《时代建筑》杂志发表了约翰·迪克逊·亨特教授写作，潘玥、薛天、江嘉玮翻译的"诗如画，如画与约翰·拉斯金"文章，亨特讨论了18世纪英国风景园林新艺术形式的时代背景中，诗如画传统的衰落与如画美学的兴起对拉斯金艺术思想和建筑理论形成产生的影响。

此外，笔者也在进行与拉斯金建筑思想相关的博士后课题研究，先后发表了《历史建筑保护中"岁月价值"的概念、本质与现实意义》与《"反修复"的概念、内涵与意义——19世纪英法建筑保护观念的转变》两篇文章。前文刊载于2017年《艺术设计研究》第6期，文章以追溯"岁月价值"概念形成过程为目的，梳理了从拉斯金到奥地利艺术史学家阿洛伊斯·李格尔在20世纪初建构纪念物价值体系的过程。同时，倡导当下历史建筑应重保护而非修复的观点，强调了岁月价值在古迹审美中的重要性；后文刊载于2018年《建筑学报》第7期，文章以19世纪初英法两国历史建筑保护状况为背景，梳理了拉斯金提出"反修复"概念的原因，并从"真实性""形式美"与"如画观"三个角度来阐释"反修复"的内涵与本质，进而强调拉斯金的"反修复"理论对于我国当下历史建筑保护实践的重要意义。

综上所述，国内外对于拉斯金的艺术理论与建筑思想研究再度呈现出热门趋势。然而，大部分研究仍集中于拉斯金美学思想、艺术批评、人文精神或道德伦理方面。对于拉斯金建筑思想的研究比较零散，缺乏较为系统的研究。其原因或许困于拉斯金思想中浓厚的宗教色彩，以及"保守性"特征。因而，相关学者在建筑史与建筑保护史的编撰过程中仅对其重要观点进行介绍，没有对其思想理论的根源、形成过程，以及价值观念进行深入分析，从而导致拉斯金的建筑思想与保护理论没有得到充分阐述和弘扬。

1.2　研究的意义

现代建筑遗产保护理论诞生于19世纪的欧洲，经过数十年的理论建构与实践积累，进而形成了以维奥莱·勒·杜克为代表的法国"风格性修复"，以及以拉斯金为代表的英国"反修复"两个观点迥异的派别。后经奥地利艺术史学家阿洛伊斯·李格尔的价值体系建构，意大利建筑保护专家卡米洛·博伊托与古斯塔沃·乔万诺尼等人的不断完善方才建立起现代建筑遗产保护体系的基本框架。

现代建筑遗产保护理论的建构为世界范围内的文物古迹保护提供了理论依据，我国当下沿用的便是在此基础之上发展而来的现代建筑遗产保护制度。然而，东西方建筑文化底蕴相异，发展历程亦不相同，建筑遗产的类型、建造方式等亦有差别。西方现代保护方法与技术措施在一定程度上并不能完全适用于我国各历史阶段的建筑保护与修复工作。因此，我们需要追本溯源，探究现代建筑遗产保护理论的产生与形成过程，了解其方法与技术背后的文化动机与哲学理念，反过来结合我们自身的建筑文化传统，进而形成一套适合当下且属于本民族的建筑设计与遗产保护理论。

作为一名有"艺术良心的楷模"，拉斯金一生中最为重要的成就便是发表了大量真知灼见的艺术与建筑评论，并对艺术史与建筑保护史产生了重大影响。在艺术评论领域，拉斯金提倡"自然"与"真实"，并在一定程度上塑造了维多利亚时代英国公众的审美品位。同时，拉斯金惋惜于传统建筑伦理的没落，因而对工业革命所带来的全面冲击表现出敌意，通过对中世纪哥特式建筑精神的发掘，以反对维多利亚风的盛行。在拉斯金看来，建筑曾经作为向上帝的献祭，现今已经不再高尚、神圣，当效率与功用成为追求的目标，建筑就失去了其内在精神，彻头彻尾地沦为俗世之物。因此，为保持建筑的"真实性"，拉斯金对建筑结构、色彩、装饰的使用都进行了明确界定。拉斯金将这一观点拓展至古建筑的保护，其思想深刻改变了英国遗产保护的发展路径，并对现代建筑遗产保护理论的形成提供了理论支撑。

拉斯金的建筑思想与保护理论充满了浓厚的人文主义、宗教思想及伦理情怀，而非简单地尊崇理性的逻辑与科学的启示。在拉斯金的艺术理论中，我们可以看到精神价值与物质本体达到高度融合的可能。换言之，拉斯金教会我们在建造时应怀有虔诚与奉献之心，遵从真实的法则，展现建筑的力与美。对于那些留存至今的建筑则应心存敬畏，留存其痕迹与记忆，最大限度地维持其生命的尊严。或许拉斯金思想中的浪漫主义成分在今天看来有些不合时宜，但在技术理性越发流行的当下却具有特殊价值与文化内涵，而这也是研究拉斯金思想的意义所在。

正是在拉斯金的影响下，一批英国上流社会精英开始以实际行动践行拉斯金的建筑思想。作为拉斯金的学生与坚定支持者，威廉·莫里斯在其影响下提出了具体的建筑保护原则与具体实施措施。莫里斯反对某些特定风格的古迹保护，提倡"存量评估，新旧有别，勤于维护，原址保存"的主张，开创了英国独特的古迹保护道路，为现代国际建筑保护理论的形成提供了实践案例。

当前中国的经济发展与城市建设已经步入新的阶段，文化软实力将是我们下一步着力建设的重点。建筑设计与历史建筑保护已经成为助力我国文化复兴与重塑民族自信的重要手段。就建筑设计来说，中国在经历了三十年的快速发展与城市扩张后，开始进入新的常态化阶段。国外建筑事务所在参与中国大型公共建筑设计的过程中拓展了本土建筑师的思维，同时也催生出许多肤浅、失真与丑陋的建筑；就历史建筑的保护来说，过去半个多世纪，我们已经取得了举世瞩目的成就，积累了大量实践经验，且涌现出非常多的优秀保护案例。然而，由于我国历史建筑数量众多，类型丰富，也出现了许多似是而非的修复案例。甚至有些以保护之名而行破坏之实，"拆旧建新"或"古建重建"屡见不鲜，时常成为新闻的热点。原中国文物学会会长罗哲文先生就曾发文，痛斥这种行为是"无知的破坏"。①尽管上述情况为个例，但却反映出人们对现代建筑保护方式与修复理论缺乏深刻的认识。此外，当代中国的建筑理论仍然缺乏一种普世的价值观，以及建立其上的批判精神，正是这种精神的缺失造成了建筑的"产品化"与"平庸化"。而最为重要的是，我们仍然没有建构起一套完整的基于本土性的建筑遗产保护理论体系，以至于在制定历史建筑修复方案时缺乏价值辩证分析与判断的能力。

简而言之，城市扩张的放缓在某种程度上意味着我们可以有更多的精力来思考新建筑与关照老建筑。当我们主张建筑应走向工业化与商业化的同时，依然需要考虑建筑所应承担的道德属性与审美特征。在历史建筑的保护与改造中，应注重历史的真实性与完整性，尽可能地保存其各项价值，并延续其脆弱的生命。正是在此意义上，拉斯金建筑思想与保护理论才会凸显出社会意义与现实需求。

1.3　主要研究内容

总体来看，拉斯金的建筑理论贡献主要体现在两个方面：其一，拉斯金独特的艺术审美与道德感，重现了建筑的内在价值，有力地捍卫了建筑存在的自主性；其二，拉斯金以"保护"替代"修复"，开辟了建筑保护的另一条途径。因此，本书的研究方向也沿上述两个方面展开，其主要研究内容可以概括为四个方面。

1.3.1　拉斯金建筑思想的价值归纳与呈现

拉斯金建筑思想的溯源与阐释是本书的核心部分之一，其主要内容以建筑

---

① 罗哲文. 古建筑维修原则和新材料新技术的应用——兼谈文物建筑保护维修的中国特色问题 [J].
　古建园林技术，2007（03）：30.

的七个原则为核心，以其他相关建筑与艺术著作为辅助，通过整理、分析、归纳与总结，进而将蕴含其中的价值呈现出来。与其他建筑理论家不同，拉斯金具有多重身份，艺术评论家和画家的角色可以使他跳脱出来，从更为广泛的角度观察和品评建筑。因而，《建筑的七盏明灯》与《威尼斯之石》虽是拉斯金建筑思想的精华所在，但其思想的外延却不囿于此。其建筑思想的源泉也汇集在《现代画家》《建筑之诗》《绘画的元素》《透纳与拉斐尔前派》《艺术与道德》等多部艺术著作中。以道德为例，在《威尼斯之石》中，拉斯金将美德作为评判建筑优良与劣质的标准，并将其归纳为"行为得当""语言得体""外观得宜"三个方面；在《建筑的七盏明灯》中，拉斯金将建筑的美德释义为"奉献"与"遵从"，以及建筑基本功用的实现；在《艺术与道德》中，拉斯金认为艺术活动的功能之一是完善人类的"精神状态，即道德水平"，同时艺术家的首要道德便是自身对于工作的全身心投入，并将自身的情感注入作品之中。[①]由此可见，即使同一概念在其不同的著述与解读中也存在着不同的释义，如果要完整把握拉斯金的建筑思想就需要对其艺术、绘画、散文、小说等不同形式的文本进行研究，查阅、比较与揣摩相关概念。此外，拉斯金的著作中还存在诸多矛盾与浓厚的宗教思想，加之时代变迁，以及人们价值观念的变化，蕴含其中的价值需要整理与归纳才能为今所用。

1.3.2　关于历史建筑保护与修复的主张

拉斯金并未系统地提出过历史建筑或文物古迹的保护与修复理论，除在《建筑的七盏明灯》的"记忆之灯"一章中有较为集中的论述外，其思想大多分散于各著作的只言片语中。因而，如果要全面、完整地阐释出拉斯金的建筑保护思想，就要对其相关著述与理论进行深入的分析。概括来说，拉斯金的保护主张源自其对建筑的定位，在拉斯金看来古建筑的保护与新建筑的建造具有同一性和延续性，新建筑也要为将来成为古建筑而做好准备。因此，无论是新建筑还是古建筑都要遵循相同的伦理法则，平衡它们在历史、艺术、社会、文

---

① （英）罗斯金. 艺术与道德 [M]. 张凤，译. 北京：金城出版社，2012：38.

化、宗教等各价值间的和谐关系。正是基于上述考虑，拉斯金才提出"保护"
而非"修复"的主张，并将"真实"视为建筑的第一要素，同时也要兼顾作为
使用、艺术与记忆载体的功能。拉斯金的保护思想有着特殊的历史背景，是他
在竭力挽救大量古建筑被摧毁、重建，以及与"完形式"和"风格式"等破坏
性或过度性修复方式斗争基础之上而提出的。所以，本书在阐释拉斯金保护思
想的同时，也将其与同时代其他修复观点进行比较，以便更加清晰地展示拉斯
金的主张与诉求。

1.3.3　拉斯金建筑保护思想的发展与延续

拉斯金的保护思想并非如同他在艺术评论界那样快速地得到大众认可，他
所面临的困难与阻挠不仅来自从事建筑修复的建筑师们，还有来自教会的反对
与干扰。加之拉斯金本人并非建筑师，也没有从事古建筑保护的实践经验，因
而在其提出保护思想的二十年间都没有对历史建筑的修复潮流产生有效的阻止
作用。尽管拉斯金持续的不懈努力会偶尔吸引学者或建筑师的注意，但真正将
其思想加以弘扬和实践的还是其学生威廉·莫里斯。后者通过成立"英国古建
筑保护学会"（SPAB），以及持续不断地宣传与实践活动才将拉斯金的保护思
想传播到欧洲大陆，并通过加以完善使其更具指导性。而SPAB也通过一个半
世纪的发展成为英国最为重要的古迹保护组织，并最终改写了现代英国建筑遗
产保护的整体面貌。莫里斯的理论完善及SPAB的实践过程是拉斯金建筑保护
思想的延续与有机组成。因此，莫里斯与SPAB的实践也是本书主要研究的内
容之一。

1.3.4　拉斯金建筑思想对于当下我国遗产保护的借鉴

当下我国的建筑保护实践大多在"修旧如旧"与"修旧如新"之间徘徊，
理论层面对于"保护"与"保存""修复"与"修缮""重建"与"复建"等概
念的理解与辨析缺乏深入研究。就"保护"与"修复"来说，尽管两者目的相
近，但手段相反，其背后更多地涉及对历史、文化、艺术、社会等因素的理

解。如果不能对相关因素加以正确解读，则很难制定出相应的保护措施。

诚然，由于时代变迁以及文化背景的差异，拉斯金的建筑思想已经无法直接用于我国的保护实践。然而，随着当代物质遗产与非物质遗产之间的联系越加紧密，曾经以物质实体保存为主要目的的保护方式越来越难以适应社会发展的需要。新版《文物古迹保护准则》中增加"文化价值"与"社会价值"的修订便是对这一变化做出的反应。此外，更令人欣喜的是，经济富裕在提升民族自信的同时也改变了大众的审美心理，"怀旧"的审美转向也印证了文物古迹价值重心的转移。因而，拉斯金基于多重价值与艺术审美的保护理念对我国文物古迹保护事业的发展依然具有重要的参考价值与借鉴意义。

第 2 章

拉斯金建筑思想
形成过程及其特征

　　约翰·拉斯金虽然不是一名建筑师，但作为重要的建筑思想家，其在建筑史上的地位不可逾越。拉斯金建筑思想形成的过程与其人生经历密不可分，同时也受到时代发展与社会文化的影响。19世纪是英国变化最为深刻的时代，社会新旧更替，经济繁荣发展，技术不断进步。同时，也面临着阶级矛盾激化，传统宗教信仰动摇带来的动荡。这一切都为拉斯金建筑思想的形成提供了条件。

2.1　生平与著述

　　约翰·拉斯金（John Ruskin，图2-1），1819年2月8日生于伦敦亨特街54号。其父亲约翰·詹姆斯·拉斯金（John James Ruskin，1785~1864）是一名颇为成功的商人，母亲玛格丽特（Margaret Ruskin，1781~1871）则是一名虔诚的福音派新教徒。拉斯金是家中独子，父亲十分鼓励儿子从事艺术品收集与文学创作活动，而母亲则希望他为上帝的事业奉献一生。12岁之前的拉斯金在家中接受教育，母亲为儿子辅导课程。拉斯金6岁时第一次陪同父母去欧洲大陆旅行，11岁时创作第一首描写英国景胜的诗《斯基克达山与德温特湖水》（*On Skiddaw and Derwent Water*），15岁发表散文处女作《莱茵河之水》*(The Waters of the Rhine)*。

　　1836年，拉斯金被牛津大学基督堂学院（Christ Church）录取，同年写作评论性文章为画家威廉·特纳（William Turner，1775~1851）的画作进行辩护，但应艺术家要求并未发表。在牛津读书期间又陆续创作并发表了一些诗作与艺术评论，并开始进行《建筑的诗意》（*The Poetry of Architecture*）的写作，其中部分章

图2-1　拉斯金肖像，1956年

（图片来源：sv.wikipedia.org）

节以使用笔名"Kata Physin"连载于《建筑》（*Architecture*）杂志。①此后，拉斯金于1939年在《气象学》杂志发表题为"论气象科学的现状"（*Remarks on the Present State of Meteorological Science*）的文章，而同年还获得牛津大学纽迪杰特诗歌奖（Oxford Newdigate Prize）。1840年，因疑似出现肺病，拉斯金一度中断学业和旅行（图2-2），直到1843年才开始申请牛津大学硕士学位。同年，拉斯金开始《现代画家》（*Modern Painers*）第一卷的写作。最初《现代画家》第一卷仅为捍卫透纳作品的数篇短文，后经过近20年的持续写作才逐渐扩充至五卷本，其大部分内容以讨论绘画中的各种自然元素为对象，并对优美与真实相关的主题进行了深入分析。《现代画家》第一卷的出版正式开启了拉斯金的艺术评论生涯，同时也遭到某些主流艺术评论家的批评，但也幸运地赢得了诸如威廉·华兹华斯（William Wordsworth）、阿尔弗雷德·丁尼生（Alfred Tennyson）、乔治·艾略特（George Eliot）和夏洛特·勃朗特（Charlotte Bront）等知名诗人与作家的赞赏。

　　年轻的拉斯金有感自身学识匮乏，于1846年开始独自到欧洲大陆旅行，其间他进一步思考了美与想象力在风景画创作中的作用，并继续进行《现代画家》第二卷的写作。1848年，拉斯金与尤菲米娅·查莫斯·格雷（Euphemia Chalmers Gray）结婚，并在法国诺曼底结婚旅行期间考察了当地的哥特教堂。在返回英国的次年，出版了建筑学名作《建筑的七盏明灯》（*The Seven Lamps of Architecture*），随后拉斯金再次携妻出行威尼斯，研究那里的建筑和历史。1850年，拉斯金整理了早年写给妻子的诗作，将其改编为童话故事《金河王》（*King of the Golden River*）并加以出版。1851年，透纳去世的消息传来，令拉斯金伤心不已，但与拉斐尔前派（Pre-Raphaelite Brotherhood）成员的接触则为拉斯金的艺术理论带来了新的认识。在接下来的两年中，拉斯金完成了建筑领域的第三部重要著作《威尼斯之石》（*The Stones of Venice*）。然而不幸的是，妻子尤菲米娅与拉斐尔前派画家约翰·埃弗里特·米莱斯（John Everett Millais）互生爱慕，弃他而去。失去妻子的打击并未让拉斯金放弃对拉斐尔前派的拥护，拉斯金与拉斐尔前派另一位画家但丁·加百利·罗塞蒂（Dante Gabriel

---

① 拉斯金所用笔名为希腊语"Kata Phusin"，其意为"合乎自然"（According to Nature）。选择这个笔名已经初步显示出拉斯金对于艺术与自然关系的认识与态度。

图2-2　拉斯金，伊特里（Itri），1841年绘

（图片来源：http://www.victorianweb.org/painting/ruskin/wc/36.html）

Rossetti）仍然保持着密切关系。

　　1854年，拉斯金开始到工人学院（Working Men's College）讲授艺术，并在爱丁堡大学开设艺术与建筑方面的讲座，这段经历也为拉斯金后期关注英国工人运动以及进行社会经济学研究提供了契机。

　　1856年，《现代画家》第三卷、第四卷出版，此时拉斯金的研究精力主要集中于浪漫艺术兴起和风景画的关系方面（图2-3）。1857年，拉斯金出版《绘画的元素》（*The Elements of Drawing*）和《艺术的政治经济学》（*The Political Economy of Art*）两部著作，前者是对绘画艺术研究的延续，而后者则是拉斯金开始将精力从艺术转向政治经济学研究的开始。次年，拉斯金开始以家教的身份为爱尔兰少女罗斯·拉·图什（Rose La Touche）进行学业辅导。然而，拉斯金对罗斯日久生情，而这段相差29岁的单恋之情将为他日后的情感悲剧埋下伏笔。同年，拉斯金还遭遇了信仰危机，毅然放弃了他的新教信仰。

　　拉斯金在1860年终于完成了《现代画家》的最后一卷，建筑与绘画方面的研究也告一段落。他开始关注英国社会、政治与资本主义商业关系方面的发展，1862年的《政治经济学论文》（*Essays on Political Economy*）以及《给那些后来者》（*Unto This Last*）两部著作的出版是对这一工作的总结。拉斯金对

图 2-3 拉斯金，莱茵费尔登（Rheinfelden），1858年绘
（图片来源：http://www.victorianweb.org/authors/ruskin/pm/intro.html）

资本主义的发展感到担忧，物质财富的积累在不断侵蚀社会的道德、公平与正义。但拉斯金言辞激烈的批评和说教不但没有警醒大众，反而引起了他们的反感，完稿的多篇文章也没能如期发表。1864年，拉斯金的父亲在留给他数量可观的遗产后去世，同年拉斯金的另外两本著作《交易》（*Traffic*）和《国王的宝库》（*King's Treasuries*）完稿。在此后的几年里，拉斯金将精力放在青少年道德伦理的教育上，由此他也进入了文学创作的高峰期。1865年的《芝麻与百合》（*Sesame and Lilies*），以及1866年的《野橄榄王冠》（*The Crown of Wild Olive*）和《尘埃伦理学》（*The Ethics of the Dust*）相继出版。然而，纵是丰硕的文学成果也无法换得感情的胜利。1866年拉斯金对少女罗斯的求婚遭到对方父母的拒绝，感情受到沉重打击，情绪时常处于失控边缘。对于劳动的关心促使他持续关注英国社会与政治问题，其思考过程构成《时间与潮汐》（*Time and Tide*）一书的主要内容。但因其发表多篇批评性文章，这一时段拉斯金也经常遭到他人非议。

在经历了数年的灰色人生后，拉斯金在1869年迎来人生转机，他被牛津大学聘为斯莱德美术教席（Slade Professor of Fine Art）第一任教授，也由此开启了拉斯金利用艺术批评提高大众审美意识的行动。同年，拉斯金还出版了研究希腊神话的《空气女王》（*Queen of the Air*）一书。在牛津任教期间，拉斯金通过举办学术讲座，以及为皇家艺术学院举行的画展写评论文章建立起了自己在艺术界的威信，进而得以开始宣传自己的艺术主张。此时的拉斯金达到人生巅峰，成了英国知名人物。

1871年，拉斯金移居布兰特伍德庄园生活，开始参与一系列公共活动，并积极推动了圣乔治基金会（ST. George's Found）的成立。同年，母亲去世以及自身健康的原因，拉斯金的生活笼罩在一片忧郁的阴影中。1875年，当罗斯去世的消息传来，拉斯金的心理再次遭到沉重打击，并致使他在1880年至1883年间因精神问题一度辞去牛津大学的教职。而之前拉斯金对画家詹姆斯·惠斯勒（James Abbott McNeill Whistler）作品的抨击也为他带来了官司，惠斯勒以诽谤罪起诉拉斯金，但终因精神问题拉斯金未能出庭为自己进行辩护。后精神有所恢复，拉斯金在1883年前后再度投入到艺术讲学与评论写作中，并发表了多篇关于拉斐尔前派的评论性文章。此后的几年，拉斯金不断被精神问题所困扰，但其间仍有不少名著问世，如《英格兰的乐趣》（ *The Pleasures of England* ）、《十九世纪的雨云》（ *The Storm-Cloud of the Nineteenth Century* ）、《亚眠的圣经》（ *The Bible of Amiens* ）等。在生命的最后时光，拉斯金饱受精神疾病的折磨，最终于1900年初因流感辞世，并葬于科尼顿教堂墓地（Coniston Churchyard）。

2.2　宗教因素的影响

拉斯金是一个富有宗教色彩的人文主义者，几乎在其所有著作中，我们都能看到宗教的影子。这在很大程度上与他儿时受到的教育经历，以及所从事的第一份矿区牧师的工作有关。尽管在1858年拉斯金一度对基督教信仰产生怀疑，但最终又重拾信仰。拉斯金终其一生都将艺术（建筑、绘画与文学）视为教化与规范人类道德行为的一种方式，而这也是他为什么将普世价值中的真善美作为艺术理论核心的原因。正是由于强烈的社会责任感，当拉斯金面对越来越世俗化的社会，他转而向中世纪寻求思想上的解决之道。拉斯金赞赏中世纪人与自然、人与人，以及人与社会之间的和谐关系，并通过写作《建筑的七盏明灯》来表达自己的社会理想。此时，恰逢建筑师普金在英国推动的"哥特复兴运动"吸引了拉斯金的关注，而《建筑的七盏明灯》的适时出版则在一定程度上推动了运动的发展。同时，这本书也得到了剑桥卡姆登学会（Cambridge Camden Society）的高度认可。

拉斯金认为哥特式建筑不仅是一种独特的教堂形式，同时也是一种真实的、符合社会伦理的，以及具备良好科学性的建筑形式。与之相对的是，由于资本主义的发展，英国民众的逐利之心已经超越了奉献（Sacrifice）之心，从而导致了建筑的堕落。人们已经不愿再为一座教堂花费上百年的时间进行细致的修造，他们开始热衷于华丽的装饰与虚假的构造。因而，拉斯金希望通过《建筑的七盏明灯》的出版重新唤起人们的崇敬之心，以及通过倡导建筑的七项原则重塑人们的建造观念。

在建筑的七盏明灯中，奉献之灯（The Lamp of Sacrifice）定义的是"何为建筑"，具有核心的地位，而其他明灯则是围绕这一核心所进行的拓展或者延伸。在拉斯金看来，建筑是人们向上帝的献礼，是人们对上帝做出的承诺，如果不能虔诚地表达人们对于上帝的崇敬，那么人类必将走向堕落。因而，作为上帝居所的教堂以及具有重要意义的建筑都应作为人类服从上帝意志的明证；"真理之灯"（The Lamp of Truth）针对的是工业革命时期建筑中普遍存在的虚假与欺骗行为。拉斯金认为，无论建筑是作为向上帝敬献的礼物，还是留给后代的遗产都应真诚以对，用诚实的劳动、真实的构造，恰如其分地展示每种材料所独有的肌理与特征；"力量之灯"（The Lamp of Power），建筑之所以给人以深刻的印象，要么依靠优美，要么依靠力量，而力量总是与神秘、庄严为伴。当力量展现于建筑之时往往具有震慑人心的品质，并伴随着"崇高之情"的产生；"美丽之灯"（The Lamp of Beauty）强调的是对自然形式的模仿，是建筑中除力量外最为迷人的要素。与古典时代艺术家通过学习绘画或建造技巧服务于威权不同，拉斯金宣扬艺术应为大众服务，艺术家应首先向自然学习。然而"美"不只是师法自然的结果，它还需要艺术家具备"抽象"与"调和"的能力，只有当建筑师熟练地掌握对称、平衡、比例等手段并能阐释出自然的形与色时，他才真正掌握了美的真谛。"生命之灯"（The Lamp of Life）定义的是建筑的高下与尊卑的层次。尽管建筑在质地、用途或外在形式上千差万别，但是否能够呈现其完整的生命过程则是衡量建筑层次的标准。同时，建筑能否予人以愉悦，以及自身是否获得尊严都取决于建造过程中智力生命的表达。因此，对于工匠而言，建造就是将自己的智慧与能量进行转移，从而赋予建筑以生命的过程；"记忆之灯"（The Lamp of Memory）关注建筑的历史使命，以及对待历史建筑的正确态度。作为人类记忆的载体，建筑对抗的是遗忘，面对建筑人们不仅可以观看、触摸、感受和思考，还可以通过它和我们的先辈进行交流。建筑承载的不仅是家族记忆，还是民族历史，在现实中它比诗歌更强大，比文字更感人。因而，拉斯金向当下人提出了两个请求，即通过我们的建造让建筑在未来成为今天的见证，同时我们也要保护好先辈的遗产使之不断传承；"遵从之灯"（The Lamp of Obedience）鼓励人们从"历史式样"中发现建筑的真理与法则。遵从的目的不是限制创造性的自由，而是去除任意而为，是为了完善原有事物中的美好品质。正如世间万物皆会受到自然规律的约束，而建造也要持正守中，合乎规矩。此外，拉斯金将"遵从之灯"置于其他六盏明灯之后，也是为了综合其他原则的锋芒，从而让建筑保持谦逊的品质。

正如有些学者所说，拉斯金之所以选用"明灯"这个词有着强烈的宗教寓意。如同《旧约·出埃及记》所描述的犹太教会幕（Tabernacle）里象征上帝光明、智慧与慈爱的七盏金灯台一样，将会为人们带来希望并指引未来。[①] 但除此之外，我们可以看到拉斯金其实讨论最多的不是神而是"人"，包括了群体或个体意义上的艺术家、建筑师、工匠，以及民众在内的所有人。拉斯金以人的品德塑造为最终目的，诠释"建筑合乎于理，而人合乎于德"的理念，从而促使人与建筑之间形成一种互相塑造的关系："一个蠢人造起房子来笨手笨脚，而一位智者则造得优雅；刚正不阿的人自然造出美妙的房子，而心术不正的人就造得卑鄙。"[②] 在拉斯金看来建筑的品质是人品的反映，人们应该在建造建筑的过程中提升自身的品格，塑造自身的品行。

拉斯金通过重新定义建筑的价值，从而建构出一套新的"人的行为规范"。正如英国学者戴维·史密斯·卡彭（D.S.Capon）与荷兰城市研究学者科内利斯·雅各布斯·贝隆（Cornelis Jacobus Baljon）在研究拉斯金的过程中，

---

① 魏怡. 罗斯金美学思想中的宗教观 [M]. 北京：知识产权出版社，2014：122.

② Ruskin J, Cook E. T, Wedderburn A. The Works of John Ruskin: The Cestus of Aglaia and The Queen of The Air, with Other Parers and Lectures on Art and Literature [M]. Longmans, Green and Co, 1903：389.

通过不同的图示关系解析了七种原则与社会诸系统间的内在关系。前者说明了七种原则的内在联系（图2-4），后者则展示了建筑之于人的作用（图2-5）。尽管两者解读角度有所差别，但其结果均是说明拉斯金通过论述建筑的七种品德，进而建构一套新的解释建筑价值的系统。这套新价值体系，既可以作为评价建筑优劣的标准，也可以作为规范人们品德的参照。建筑与人相互对应，各关系间相互制约，形成和谐有序的社会关系。

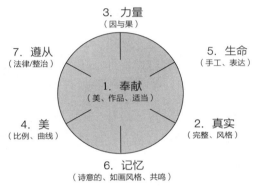

图2-4　戴维·史密斯·卡彭（D.S.Capon）绘制的拉斯金的《建筑的七盏明灯》内在关系分析图

（图片来源：D.S.Capon. Architectural Theory Volume 2［M］. John Wiley & Sons press, 1999: 165）

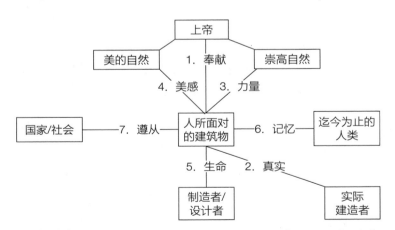

图2-5　贝隆（Cornelis Jacobus Baljon）绘制的拉斯金《建筑的七盏明灯》内在关系分析图

（图片来源：Baljon C J. The Structure of Architectural Theory: A Study of Some Writings by Gottfried Semper, John Ruskin and Christopher Alexander［M］. Thesis Technology University Delft, 1993:199）

在写作《建筑的七盏明灯》和《威尼斯之石》期间，拉斯金曾有过一段信仰上的松动期，重新思考了上帝与人之间的存在关系，从而以也意味着拉斯金重新思考了创造者与被创造的作品间的内在关联。此前，拉斯金一直坚信上帝作为潜在的神圣统治者（秩序）而存在，即使它不能被清晰地观察。这一点反映在《现代画家》前两卷，拉斯金对自然界与绘画中"神圣性"的强调。在写作《建筑的七盏明灯》时，尽管拉斯金将"奉献"作为七灯的核心，但其核心对象已经从上帝转变成了人，更多地关注人在建造和观看建筑时相互"塑造"的作用。而在《威尼斯之石》中，拉斯金似乎已经完成了思想上的转变，更多的是从艺术本身去体验和感受建筑的存在。

2.3　艺术的道德观

19世纪上半叶正是工业革命爆发强大威力，以及资本主义经济野蛮生长的时代，传统宗教信仰受到挑战，机器与理性开始主导人类未来发展的方向。因而19世纪50年代中后期，拉斯金开始将注意力转向政治经济学与文学方面，先后出版《艺术的政治经济学》（*Political Economy of Art*，1857）与《政治经济散文》（*Essays on Political Economy*，1862）两部著作，旨在探讨资本主义社会制度与大众文化的关系。拉斯金始终认为劳资关系中包含着道德问题，资本家不应榨取工人血汗，资产阶级的政治经济原则违反了人的自然本性，因而反对英国为维护剥削制度而进行的立法行为。

乍看之下，政治经济学以及劳工问题似乎与艺术风马牛不相及，但拉斯金认为两者之间存在着一种潜在的因果关系。首先，与那些反对将艺术与社会生活进行分离的艺术家不同，拉斯金主张艺术应源于社会生活。艺术家与工匠在生活中认识到美，而后才能将其转移至作品中，如果艺术家或工匠在创作艺术作品过程中没有受到尊重和应有的待遇，那么艺术作品的创作也就无从谈起；其次，机器生产的快速发展扼杀了工人的创造性，因而拉斯金主张回到前资本主义田园牧歌式的农业社会状态。拉斯金高度评价文艺复兴之前的艺术作品，否定文艺复兴艺术家对于现世和物欲的艺术表达，资本主义工业生产方式下不可能有真正的艺术与美产生。而这也是拉斯金"贬低文艺复兴抬高中世纪艺术"而遭到许多学者批评的根本原因。拉斯金具有宽广的视野与社会同情心，批评社会中的不平等现象，关注平民艺术教育事业。正因如此，拉斯金在1860年之后结束了艺术批评的写作，转而研究经济和劳工等问题。

拉斯金默认艺术的品质与人性的品德之间具有某种内在的一致性。信仰的失落导致道德的败坏，资本的发展则刺激了人们对于金钱与物欲的追求，进而又导致了艺术的衰落。如果艺术家与工匠没有诚实的品性与表达美的愿望，那么他们就无法创造含有美的作品；如果人们没有高尚的情操及对于美的追求，那么他们也无法欣赏美的事物。人们只有重拾信仰，重视德行，艺术的品质才能提升。当艺术家专注于美的创造，人们懂得美的欣赏时，他们的品德也会得到提升。因而，提升人们的审美能力与提升人们德行相辅相成。

那么，道德如何在建筑中体现呢？在《建筑的七盏明灯》中，拉斯金将奉献、真实、力量、优美、生命、记忆与遵从等均视为建筑美德的具体展现。而在《威尼斯之石》第二章中，拉斯金进一步明确了道德在建筑上的体现。拉斯金指出，美德是鉴别世界各地及各历史时期建筑优劣的标准，并体现在两个方面：

其一，建筑应具备实用功能（建筑的本分）。

其二，外观形式上应赏心悦目、优雅大方（建筑的形式美）。[①]

其中，"实用功能"还有两个重要组成部分，即"行为"（Acting）与"言说"（Talking）。"行为"主要是指建筑保护人们免于外界带来的伤害；而"言说"则是建筑可以作为纪念物，通过其物质性的本体记录与言说人类的历史与情感。在美德的表达上，拉斯金认为有三个方面可以展现：

其一，"行为得当"（Act Well），建筑应充分满足使用的要求。

其二，"语言得体"（Speak Well），因建造的目的不同，建筑存在着一定差别，但需顺应情感表达自然。

---

① Ruskin J, Cook E. T, Wedderburn A. The Works of John Ruskin: The Stone of Venice and Examples of The Architecture of Venice [M]. Longmans, Green and Co, 1903：60.

其三，"外观得宜"（Look Well），建筑的外观应满足审美需求，即要赏心悦目。[①]

总体来说，拉斯金希望通过建筑的道德而规范人的道德，通过言说建筑的高贵品质从而提升人的道德品质。同样，也可反过来，拉斯金希望人们通过提升自身品德的同时建造更高品质的建筑，从而达到"以物育人，人物相照"的目的。

2.4　对于艺术的认识

拉斯金生活于英国的维多利亚时代，此时的英国正处于连续的变革中。资本主义发展与殖民扩张改变了原有的阶层结构，传统旧贵族与新兴资产阶级在此消彼长的阶级地位变化过程中文化潮流也在逐渐变化，新兴资产阶级也在寻找彰显其身份的文化趣味。同时，英国的"大陆游学"（Grand Tour）传统方兴未艾，英国知识阶层对于古典时代的文化有着强烈的认同。18世纪以来的欧洲大规模考古发现也在一定程度上激发了人们对于历史的兴趣，并潜移默化地改变着大众的审美趣味。上述因素共同推动了自然小说、大陆游记、东方风格景园设计以及风景绘画在英国的兴起。而拉斯金的思想体系也恰好是他所生活的时代缩影，同时也促成了他进行艺术评论写作的背景。

从拉斯金的成长历程来看，青年时期其父亲着意在艺术方面的培养直接为拉斯金日后在艺术鉴赏与评论方面的发展奠定了基础；而母亲作为虔诚的基督教新教徒以及在文学方面的启蒙也为他后来在社会伦理观与文学创作上的发展提供了原始动力。因而，拉斯金青少年时期的教育和成长经历为我们理解拉斯金的思想特征，以及在建筑、绘画、文学等艺术方面的观点指明了方向。

正是在时代与家庭双重背景的影响下，拉斯金的艺术观既继承了英国的浪漫主义传统，又有着浓厚的宗教色彩。拉斯金将艺术与社会进行联系，认

---

① （英）约翰·拉斯金. 威尼斯之石 [M]. 孙静，译. 济南：山东画报出版社，2014：19.

为任何国家的艺术都是其社会美德与政治美德的显现，并认定高级艺术只有三个功能，即"强化人类的宗教信仰""完善人类的精神状态""为人类提供物质服务"。①如在早期著作《现代画家》中，拉斯金对于欧洲中世纪与文艺复兴以来的艺术流派、绘画技法、绘画材料进行了细致分析，同时对绘画中"真""善""美"等普世价值也进行了深刻辨析。

"真实"是拉斯金艺术思想中最为重要的条件。拉斯金主张艺术应体现"真实"，认为优秀的艺术应该包含两种特征："第一，对事物的观察；第二，以实事求是的方式表现人类的成果和影响力。而伟大的艺术必然是两者的统一，艺术只能存在于这统一之中"。②在艺术的功用方面拉斯金认为："艺术的全部生命都在于它是否真正地符合真实，或者是否真正地适用。……除非它能清楚地具有以上两个目标，即明白无误地反映真实，具有服务的功能，否则，它只能是次等或者沦为次等的倾向。"③

在拉斯金看来，首先，艺术与社会生活之间存在着直接联系，要么艺术是承载知识的手段（给知识以形式）；要么是人们获得优雅生活的媒介（使用途更优雅）。其次，拉斯金认为艺术与自然之间也存在着直接联系，强调"艺术应忠于自然"而非"对自然的模仿"。拉斯金认为好的艺术是通过艺术家的理解和想象对自然进行的再次阐释，阐释的过程应符合"真实"的原则。这种真实不仅表现在对表现对象的形体把握上，还表现在对事物本质属性的表达上。例如，拉斯金在《现代画家》中指出："一位大师在处理细节时，就如同他处理大块物体一样，既靠伟大的思想，也靠伟大的行为，这伟大的行为主要指对物体特有性质的捕捉，对存在于高尚物体中的共同的伟大特征的捕捉"。④

在拉斯金看来，艺术不存在中性的表达，要么虚假，要么真实，而且只有表达出事物的自然本质才能获得真实，作品才能有其价值。由此，我们也可以看到，拉斯金对于艺术作品的定位已经超出了作品本身所具有的形式表达，进而上升到对事物本质的理解，而这种理解带有明显的道德倾向与价值判断成分。

① （英）罗斯金. 艺术与道德 [M]. 张凤，译. 北京：金城出版社，2012：18.

② John Ruskin. The Two Paths [M]. George Allen & Sons, 1907：235.

③ Chauncey B.Tinker. The Selection from the works of John Ruskin [M]. The Riverside Press,1908：257.

④ Ruskin J, Cook E. T, Wedderburn A. The Works of John Ruskin: Modern Painters Volume 1 [M]. Longmans, Green and Co, 1903：28.

2.5　建筑思想的特征

19世纪初的英国城市人口持续增长，城市规模不断扩大，新建筑不断增多。但英国的建筑并没有如同它的经济一样出现革新性的面貌，呈现出的只是历史风格的集体再现。至19世纪20年代，英国折中主义盛行，其建筑的品质开始下降，原来大型公共建筑中坚固厚重的砖石墙体也被新型的铸铁结构及玻璃所取代。原有古典主义的建筑构件更多地沦为了装饰物，古典的建筑形式原则也被混搭拼贴在一起。此外，这一时期天主教在英国有一定程度的复兴，并带动了一系列哥特式教堂的修建与修复工作。诺斯莫尔·普金作为哥特复兴运动的重要建筑师则充当了旗手的角色。普金是一位深谙哥特式建筑精髓并皈依了天主教信仰的建筑师，于19世纪中叶完成了以英国国会大厦（1836～1868）与威斯敏斯特宫（1840～1858）为代表的大型公共建筑的设计工作，同时出版了《天主教建筑的真实性原则》（*True Principles of Christian Architecture*，1836）一书，并在英国受到了广泛好评。因而，同时代的拉斯金也受到了普金关于哥特式建筑理论的影响。[①]

拉斯金的建筑思想主要体现于《建筑的七盏明灯》《威尼斯之石》《建筑与道德》《建筑与绘画》以及《哥特的本质》等几部著述中。其中《建筑的七盏明灯》与三卷本的《威尼斯之石》完成于19世纪40年代末～50年代中期，而这也是英国折中主义建筑发展的高潮期。《建筑的七盏明灯》的出版集中反映了拉斯金对这一时期建筑品质下降的深深忧虑，并在后续再版前言中对此不断地进行谴责。[②]

总体来说，哥特式建筑是拉斯金的主要研究对象，而究其原因则大致有两

---

① 1969年，德裔英国建筑史家、艺术史家尼古拉斯·佩夫斯纳（Nikolaus Pevsner）在纪念瓦尔特·奈哈特（Walter Neurath）大会上发表了题为"拉斯金与维奥莱-勒-杜克：哥特式建筑鉴赏中的英国性与法国性"（*Ruskin and Viollet-le-Duc: Englishness and Frenchness in the Appreciation of Gothic Architecture*）的演讲，佩夫斯纳认为拉斯金对于哥特式建筑的理解是感性的，并受过克里斯托弗·雷恩（Christopher Wren）及普金对哥特式建筑论断，以及托马斯·格雷（Thomas Gray）、贺拉斯·瓦坡勒（Horace Walpole）的哥特式小说的影响。原文参见：Nikolaus Pevsner. Walter Neurath memorial lectures [M]. London: Thames & Hudson Ltd, 1970：48.

② 1849～1955年是拉斯金建筑著作最多产的几年。1849《建筑的七盏明灯》出版，1851年出版《威尼斯之石》（*The Stones of Venice*）第一卷，以及发表"威尼斯的建筑例证"（*Examples of the Architecture of Venice*）。1853年出版《威尼斯之石》剩余两卷。1855年，《建筑的七盏明灯》再版。

个方面：一是源于拉斯金早年游历欧洲的经历，以及过程中创作了大量哥特式建筑细节与风景绘画作品，两者为他后来的建筑写作提供了大量素材。特别是1846年大陆旅行期间对意大利和法国的建筑考察奠定了《建筑的七盏明灯》与《威尼斯之石》的写作基础（图2-6、图2-7）。二是哥特式建筑作为最能烘托基督教宗教氛围的建筑形式对拉斯金产生了强烈吸引，而普金引领的哥特复兴运动也对拉斯金产生了重要影响。然而，作为一名新教教徒，拉斯金试图将天主教与哥特式建筑之间的关系进行剥离，而一些反对天主教的思想也若隐若现地出现在《建筑的七盏明灯》和《威尼斯之石》的字里行间。[①]

在《建筑的七盏明灯》中，拉斯金对中世纪建筑所具有的七种品质进行了详细阐释，从而对于当时民众艺术品位下降、滥用建筑材料与虚假装饰进行了严厉斥责。总体来看，拉斯金对于建筑的论述主要围绕着建筑的社会属性（民族或国家的历史、宗教信仰）与审美属性（比例、风格、形式）、建筑构造（结构体系、材料加工工艺）等展开。或许我们会被拉斯金在《威尼斯之石》中对哥特式建筑所做的细致分析所折服，但与其他建筑师或建筑理论家不同，拉斯金并未受过建筑学方面的系统教育，旅行考察、阅读与独立思考是拉斯金了解建筑的主要方式。数次大陆旅行使拉斯金获得了对于建筑的亲身体验，对于普金的研究则增加了理论上的知识。或许正是因为拉斯金不是职业建筑师，未被专业的规则所局限，从而对建筑所具有精神价值有更为深刻的思考。

在《哥特的本质》（*On the Nature of Gothic Architecture*）中，拉斯金没有仅从建筑的形式或历史演变顺序上予以分析，而是从哥特式建筑给人的印象与感受切入，进而论述哥特式建筑的本质特征。拉斯金清楚地认识到，现实中没有一套完全或纯粹的哥特范式存在，每一座被称为哥特式的建筑都有所不同。即使一些哥特式建筑的元素出现在了其他建筑中，那些建筑也无法被认为是哥

---

① 《拉斯金全集》的编者库克（E. T. COOK）在《建筑与绘画》卷的前言中对拉斯金与普金的关系有如下描述：虽然拉斯金与普金在哥特式建筑上有着共识，但对已经皈依了罗马天主教的普金却颇有微词。拉斯金认为，普金以建造辉煌的罗马天主教教堂并"引诱"人们进入其中（有吸引基督徒改宗天主教的嫌疑）而作为自己的目标。因而，拉斯金在《建筑的七盏明灯》和《威尼斯之石》的许多段落中都带有激进的反天主教的语调。如在论述威尼斯城邦的历史以及与教皇权力的斗争中，拉斯金发表了诸多评论，并使他在反对天主教复兴运动中得到了更多的支持。原文参见：Ruskin J, Cook E. T, Wedderburn A. The Works of John Ruskin: Lectures on Architecture and Panting with Other Papers [M]. Longmans, Green and Co, 1903：72.

图2-6 拉斯金，卡昂，巴约，鲁昂和博拜的花饰
（图片来源：Ruskin J, Cook E. T, Wedderburn A. The Works of John Ruskin: The Seven Lamps of Architecture ［ M ］. Longmans, Green and Co, 1903.）

图2-7　拉斯金，威尼斯法拉里教堂（The Church of Frari）
（图片来源：Ruskin J, Cook E. T, Wedderburn A. The Works of John Ruskin: The Stone of Venice and Examples of The Architecture of Venice［M］. Longmans, Green and Co, 1903: 24.）

特式的。如某座建筑只单独具备尖拱顶、圆屋顶、飞檐或怪异雕塑等构件，我们还不能称其为哥特式，但如果它们全部或者部分与其他建筑构件进行合理的组合，则可称其为哥特式。同时，因多样组合而生成的建筑形态，则进一步焕发了哥特风格的生机。因此，哥特式建筑的特色不在于它是否具备某种特定元素，而在于哥特"元素的混合"（Mingled Ideas），且只能以"一体"（Union）的形式存在。就此而言，一栋建筑是否属于哥特风格，只能通过分析其具备多少"哥特程度"（Degree of Gothicness）来确定，唯有如此我们才能定义出哥特式的本质。

　　然而，现实中何种程度的元素组合才能称其为哥特式建筑，或者两座均具有哥特元素的建筑哪个更纯正或精妙呢？就此，拉斯金提出了"外在形式"（External Forms）与"内在元素"（Internal Elements）的判断标准。前者体现为具体的建筑构件形式，如尖拱顶、圆屋顶和飞檐等；后者则体现为建筑师的某种精神与审美趣味，如钟情自然、喜好多变、表现坚定或大度等。并且拉斯金认为，只有当"外在形式"与"内在元素"同时存在于一座建筑且达到较好的融合时，它才能被称为哥特式建筑。

就建筑的具体细部而言，拉斯金同样展现出深厚且敏锐的研究能力。拉斯金从内在精神与外在形式两个方面展开论述，其间结合科学与数学的比例分析加以说明，处处闪耀着智慧的光辉。由此，我们可以看出，作为一名艺术评论家，拉斯金摒弃了仅通过建筑形式分析进行建筑风格与优劣判断的标准，极大地肯定了建筑师与工匠在建筑过程中的主观创造性（表2-1）。

拉斯金对于哥特式建筑特征与建造者关系及其内涵的释义　　　　　表2-1

建筑风格特征	建筑师（匠人）兴趣特征	内涵释义
野蛮粗犷（Savageness）	野蛮或粗鲁（Savageness or Rudeness）	不完美性（Imperfection）包含并显示出崇高性（Sublime），以及对生命（Life）的理解，是一个国家进步与更迭的标志[①]
变化多端（Changefulness）	喜好变化（Love of Change）	一栋建筑每个特征上所带有的永恒多样性[②]
自然主义（Naturalism）	钟情自然（Love of Nature）	对自然事物其自身的热爱，及在摆脱艺术法则的束缚后试图坦诚地表现自然事物[③]
奇异怪诞（Grotesqueness）	想象力活跃（Disturbed Imagination）	在滑稽古怪或者崇高伟大中取得愉悦的倾向[④]

① Ruskin J, Cook E. T, Wedderburn A. The Works of John Ruskin: The Stone of Venice and Examples of The Architecture of Venice［M］. Longmans, Green and Co, 1903：202–203.

② Ruskin J, Cook E. T, Wedderburn A. The Works of John Ruskin: The Stone of Venice and Examples of The Architecture of Venice［M］. Longmans, Green and Co, 1903：204.

③ Ruskin J, Cook E. T, Wedderburn A. The Works of John Ruskin: The Stone of Venice and Examples of The Architecture of Venice［M］. Longmans, Green and Co, 1903：215.

④ Ruskin J, Cook E. T, Wedderburn A. The Works of John Ruskin: The Stone of Venice and Examples of The Architecture of Venice［M］. Longmans, Green and Co, 1903：239.

续表

建筑风格特征	建筑师（匠人）兴趣特征	内涵释义
刚直不屈 （Rigidity）	固执坚定 （Obstinacy）	能给运动带来张力的特殊能量，一种动态的刚度（Active Rigidity），可类比于四肢骨头或者树木纤维的坚硬感、或者是在一个整体中相互传递的力[①]
重复多余 （Redundance）	慷慨大度 （Generosity）	由致密的人工劳作（Labour）所造就，是建筑中谦逊（Humility）的一部分[②]

（表格来源：作者自绘）

　　在拉斯金看来，建筑不仅是国民赖以居住的家园，也是道德是否高尚的衡量标准。正是因为长期受到基督教思想的影响，拉斯金充满了对上帝的赞美与敬畏，因而在对待建筑（特别是上帝的居所哥特教堂）时，应该诚实，而不能在教堂中使用"虚假"的结构形式或者劣质的材料。在《建筑的诗意》中，拉斯金指出建筑完全是"思想的产物"，具有"国民性"，是"*所属国家主要精神气质的高度一致和联系*"。[③]拉斯金的建筑思想成就不仅体现在对现有建筑的评论上，同时也体现在历史建筑的保护上。建筑是先辈智慧与劳动的结晶，存储着先辈们曾经生活的经历。而那些历史悠久的建筑，拉斯金更是将其作为国家和个体"记忆"的载体。他认为，如果我们的事迹想被后人所记忆，那么就要诉诸"诗歌"与"建筑"。而后者往往包含前者，且比前者更具说服力，在现实世界中也更加强大。正是这一原因，作为"记忆"的建筑具有了"纪念"的性质，其建造的过程也更加用心，其材料的选择与技术的可靠性也更加恒久。另外，拉斯金还从城市的角度看待历史建筑，历史建筑的存在不仅在于其本体的保存，其存在的环境也应保存下来。总之，拉斯金对于建筑存在着强烈的道德批判意识。甚至拉斯金一度认为，古典主义代表着异教和腐败，而哥特则是一个综合和精神文明的表达。[④]

---

① Ruskin J, Cook E. T, Wedderburn A. The Works of John Ruskin: The Stone of Venice and Examples of The Architecture of Venice [M]. Longmans, Green and Co, 1903: 239–240.

② Ruskin J, Cook E. T, Wedderburn A. The Works of John Ruskin: The Stone of Venice and Examples of The Architecture of Venice [M]. Longmans, Green and Co, 1903: 243–244.

③ （英）约翰·罗斯金. 建筑的诗意[M]. 王如月，译. 济南：山东画报出版社，2014：1.

④ Barry Jones. Dictionary of World Biography [M]. The Australian National University ANU Press, 2017: 741.

本章小结

　　拉斯金从国家、社会与人的发展角度看待艺术的作用，但也因为他尖锐的批评与喋喋不休的说教而遭到部分人的反感。拉斯金研究领域跨越绘画、建筑、文学、植物、地理、教育、政治、经济等范围，或许正是得益于这种广泛的兴趣爱好，从而使他具备了宽阔的人文视野与艺术的审美能力。然而，总体来看，拉斯金的思想中也带有明显的局限性。如他提倡哥特式建筑的真实性，却没有及时预料到新材料与新技术的出现预示着一种新的建筑体系的产生；他攻击工业化机械生产，但却无法实现想象中的中世纪生活；他看到了社会进步与科技发展不可阻挡的力量，但同时也对工人脑力与体力劳动的分离感到惋惜。但这些矛盾却不能掩盖拉斯金的思想光芒，拉斯金将艺术与道德、文化与教育、宗教与社会融为一体，为19世纪英国民众审美观念的形成奠定了基础。

第 3 章

拉斯金建筑思想中的
典型价值及其呈现

18世纪以来，科学与理性主义的发展促进了人类知识系统的更新，并成为人们认识世界的主要方式，同时也促使人们试图通过建构某种价值体系（Value Systems）来衡量或判断事物的意义和重要性。[①]在《建筑的七盏明灯》中，拉斯金所列举的七种建筑原则也是建筑的七种价值形式。然而，时代变迁，拉斯金的建筑思想虽仍被人们所赞赏，但今天人们的思想观念与知识结构却已发生了巨大转变。特别是20世纪初价值体系的建立极大地推动了现代建筑设计与历史建筑保护理论的发展。

与经济学层面的价值定义不同，哲学与社会学意义上的"价值"是指客体与主体之间的一种相互联系或关系，既包含了功利、效用的实用成分，又有道德、审美等意识层面的本质判断，其价值的高低则取决于客体事物的存在及其属性对主体需要所满足的程度。[②]因而，在对某一事物进行价值判断的过程中，有两个互为前提的方面需要予以考虑，即该事物的存在对于特定主体的作用或意义，以及主体对于该事物所具价值的认识和评价。

一般来说，作为客体的物质对象总是固定的，但作为主体的人却是一个相对或变动的概念。主体既可以指代某个单独个体，也可以指代某个特定的群体；既可以是持有某种政治理想的联盟，也可以指代怀有共同信仰的宗教团体；既可以指代经长期历史发展而形成的稳定共同体，也可以指代将不同族群约束于某一制度下的国

① "价值论"由19世纪德国哲学家赫尔曼·洛采（Rudolf Hermann Lotze，1817~1881）提出，这一理论打破了近代哲学将主观与客观、唯心与唯物的二分，并对20世纪西方哲学产生了广泛影响。洛采的价值理论通过其学生威廉·文德尔班（Wilhelm Windelbad，1848~1915）得到进一步阐扬，后逐渐扩大到伦理学、美学、政治学、法学、历史学、社会学、宗教学、教育学和科学技术等思想分支中。时至今日，"价值"已经成为人们进行哲学思考与日常生活中用以判断事物性质的重要方式。

② 李德顺. 价值学大词典 [M]. 北京：中国人民大学出版社，1995：261.

家。因而，任何价值判断都是基于特定主体而进行的，不同的主体形式对于客体的价值认知都存在着或多或少的差异，其结果也不可避免地带有主观性或片面性特征。

此外，就"价值"本身来说，其涵盖范围也极为广泛，几乎在所有的"应然"选择中均含有价值判断的成分。[①]正如同济大学郑时龄教授所说，价值是人类存在的方式和面向未来的取向，像真伪、是非、善恶、美丑、雅俗、优劣、利害、利弊、义利、得失、正邪、道义、卑微、高贵、幸福、勇敢、怯儒、发展、进步等概念无不涉及价值问题。[②]此外，作为文化的子系统，价值必定受到宗教、民族、法律、传统、社会、习俗、道德、审美等观念层面的影响而呈现出差异性。科内利斯·雅各布斯·贝隆就曾指出，质量标准的决策是以牺牲部分代价而换取大多数人需求的过程，然而这种决策方式往往难以衡量未来的满意度，也没有对为什么一群人更喜欢这个而不是另一个解决方案提供解释。……同样，建筑的价值判定也不会在纯粹的形式分析中得到（图3-1）。如现代主义所主张的平屋顶、无装饰面墙、裸露的混凝土或大面积玻璃窗就没有任何内在的理性支持，被德国人、法国人和英国人所公认的最为杰出基督教建筑形式"哥特风格"却被传统罗马天主教所否认，而先前古典主义建筑作为一种人文主义传统现在也已经被极权主义色彩所浸染。[③]

在价值类型方面，主体的差异性也导致了价值类型的复杂性。德国哲学家威廉·文德尔班强调，任何事实知识都包含着价值因素，而"价值"可区分为"特殊价值"与"普遍价值"。前者只与作为特殊估价主体的特殊意识相关，并产生因人而异的价值评价；后者则与作为一般估价主体的普遍意识相关，并构成人们价值评价的普遍标准。[④]同时，文德尔班在《哲学导论》中将价值问

---

① "应然"是指在可能的条件下事物应该达到的状态，或者说基于事物自身的性质和规律所应达到的状态。与应然相对应的则是"实然"，是指事物存在的实际状况。哲学传统中的"应然"与"实然"分别对应"价值判断"（Judgment of Value）与"事实判断"（Judgment of Facts），即对主客体之间价值关系状况的肯定或否定性的判断称为价值判断，对客体本身的事实性描述和指陈判断称为事实判断。

② 郑时龄. 建筑批评学 [M]. 北京: 中国建筑工业出版社, 2014: 168.

③ Cornelis J. Baljo. The Structure of a Architectural Theory: A Study of Some Writings by Gottfried Semper, John Ruskin, and Christopher Alexander [M]. Geboren Te Oegstgeest Stedebouwkundig Ingenieur, 1993: 45–46.

④ 赖金良. 当代哲学意识中的价值问题 [J]. 浙江学刊, 1994（06）: 50–55.

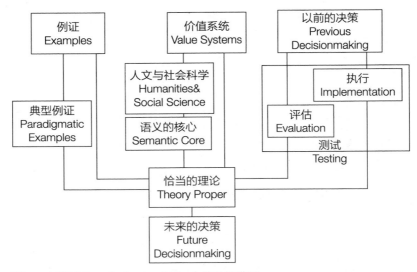

图3-1　贝隆（Cornelis Jacobus Baljon）的价值模型

（图片来源：Cornelis J. Baljo. The structure of architectural theory——A Study of Some Writings by Gottfried Semper, John Ruskin, and Christopher Alexander ［M］. geboren te Oegstgeest stedebouwkundig ingenieur, 1993: 48.）

题划分为伦理学、美学与宗教三个主题，其中"伦理学"包含道德原则、公共意志与历史；"美学"包含美学的概念、美的事物与艺术；"宗教"则包含神圣、宗教真理、实在与价值。美国哲学家拉尔夫·巴顿·佩里（Ralph Barton Perry）则依据"一般价值论"将价值概括为道德、宗教、艺术、科学、经济、政治、法律和习俗八个方面，而德国哲学家马克斯·舍勒（Max Scheler）则从低到高把价值划分为感觉价值、生命价值、精神价值、宗教价值等类型。在实际生活中，我们也惯常对事物进行物质价值与精神价值的二分。然而，无论何种价值划分方式都没有超出道德、艺术、宗教、科学、历史、文化等主题，因而在某种程度上拉斯金的建筑思想也就成了衡量建筑是否具有价值的标准。

　　既然事物价值的评判具有主观性、复杂性与相对性，那么我们为何还要对其进行价值判断呢？或许，恰恰相反，正是因为事物存在的价值对于主体是如此重要，因而我们更需要一套被大多数人所认可的方法来辨别事物之于主体的重要性，以便能够清晰地区分"价值判断"与"事实判断"之间的关系，并为之提供较为信服的说明。因而，对拉斯金建筑思想的价值性分析便是这一过程的具体展现，同时也是对其在诞生一个半世纪后仍具价值的历史性溯源。

3.1 历史价值的显现：真实与记忆

拉斯金对于"真实"（Real）的讨论贯穿了他所有著作类型，并将其视为道德的基础，且与信仰直接相关。在《两条路》（*The Two Paths*）中，拉斯金对真实进行过一个简短的论述："真实"一词，应用在艺术上，意味着对心灵或感觉来说忠实地表达出任何自然的事物。当我们觉得这就是忠实可靠时，我们便认其为真实的观念。[①]但在讨论"真实"的时候，拉斯金不限于对其概念的论述，更多的是教我们如何去辨别绘画或建筑中存在的具体虚假行为，以及真与假实施于具体对象时的相对性。

3.1.1 艺术中的真实及其表达方式

1. 绘画中的真实表达

在《现代画家》第一卷中，拉斯金对"真和假"的关系进行过如下分析：

在艺术中，当"假"和"真"被用来形容一幅画时，只有在这幅画被认为是对一个事实的陈述时，才是可行的。一个画家声称他画了一只狗、一个人或一棵树，如果他画得不像一只狗、一个人或一棵树，那么，他的话是假的。因而，我们会认为使用那些线条和色彩是假的。其实，线条和色彩本身不假。它们变得虚假是因为它们传达了一个不像它们企图传达的陈述。线条和色彩的美是完全独立于整体陈述之外的。它们可能是非常漂亮的线条，尽管不准确；可能是丑陋的线条，虽然非常逼真。一幅画也许丑陋得可怕，但它忠实地反映了日常生活的基本情形。一扇画出来的窗子可能特别美，它代表人长着鹰的脸，狗长着蓝色的脑袋和深红色的尾巴。如果不这样做，那就无法以牺牲真实来换取美。[②]

在绘画艺术的创作过程中，拉斯金始终认为"真实"是艺术所要具备或表达的最为重要的内容，即"一切伟大的艺术学派都曾以尽可能真实地表

---

① 迟轲. 西方美术理论文选：古希腊到20世纪 [M]. 南京：江苏教育出版社，2005：324-325.

② Ruskin J, Cook E. T, Wedderburn A. The Works of John Ruskin: Modern Painters Volume 3 [M]. Longmans, Green and Co, 1903：56-57.

现自然事实作为自己的首要任务"①，但这种"真实"地表达并不是指将所见之物精确地绘制出来，而是说画家要忠于表达事物的"自然特质"（Natural Character）。那么，什么才是事物的"自然特质"呢？拉斯金以"花"为对象进行举例，在植物学家眼里看到的花是物质性的，是运用理性去分析而认识到的；而在艺术家眼里则需要运用热情和想象力，叶子上写满了历史，摆动中传递热情，转换至作品中的花不仅仅是色彩和光的构成，还是来自大自然的声音，一曲具有动人旋律的心灵乐章。②因此，"真实地表现自然"不仅仅指表现的具体对象（自然的事物），还指表达的方式（真实地阐释）。它需要艺术家通过自身的想象与构思能力正确并明确地表现事物的形体与特征，而不是采用理想化的归纳法（Ideal Generalization）画出的相像形体。之所以反对归纳法来处理绘画，是因为后者"建立在不合理的选材和错误的组合之上的"③，它只会驱逐壮观与美，带来的"只能是破坏、瓦解和毁灭"④。

　　从拉斯金的视角来看，"真实"与"自然"具有一定的同义性，即"真实在某种程度上等于自然"。在论述二者的关系时，拉斯金以三个学派的三幅作品举例：菲迪亚斯风格（Phidias）的《忒修斯》代表希腊学派所追求的形式真实；拉斐尔的《辩论》代表了佛罗伦萨学派追求精神表现的真实；而《伽拿的婚宴》则代表威尼斯学派追求色和光的真实。从这三个角度出发，我们可以看到拉斯金给出了三种不同的真实状态。三种真实相比，第一种形体上的真实相较后两种真实则不在同一层级。因而，在拉斯金看来能揭示出事物本质的真实才是最高级别的真实。

　　拉斯金以意大利米兰的圣安布罗斯大教堂（Saints Ambrose，初建于公元4世纪末，1080年重建）布道坛上的一幅"夏娃与蛇"为主题的粗糙石刻（图3-2）作为案例进行了解释：图像中的蛇并没有完全以写实的方法将其表现出来，但工匠却将蛇的"恶毒而谄媚"用心表达的十分清楚。同样，在对面夏娃的表现

---

① （英）约翰·罗斯金. 艺术十讲［M］. 张翔，张改华，郭洪涛，译. 北京：人民大学出版社，2008：245.
② Ruskin J, Cook E. T, Wedderburn A. The Works of John Ruskin: Modern Painters Volume 1［M］. Longmans, Green and Co, 1903：37.
③ Ruskin J, Cook E. T, Wedderburn A. The Works of John Ruskin: Modern Painters Volume 2［M］. Longmans, Green and Co, 1903：44.
④ Ruskin J, Cook E. T, Wedderburn A. The Works of John Ruskin: Modern Painters Volume 2［M］. Longmans, Green and Co, 1903：35.

图3-2　圣安布罗斯大教堂（Sant'Ambrogio Basilica）布道台石刻图像
（图片来源：(英) 约翰·罗斯金. 艺术十讲 [M]. 张翔，张改华，郭洪涛，译. 北京：人民大学出版社，2008：243.）

上工匠也没有能够准确表达身体的比例与形体关系，但工匠却捕获了夏娃因谄谀而被取悦的神情（微斜的眼睛、紧闭的嘴唇、紧张的手臂反映出倾听、满足以及困窘的心态）。尽管这幅石刻在表现技法上十分拙劣，但其出神入化的神情表达则真实地反映了事物的本质内容。

　　此外，拉斯金在《现代画家》第一卷的第二部分讨论"真实之意识的一般法则"（General Principles Respecting Ideas of Truth）时对真实进行了等级和层次的划分。①其中"历史性真实"是最为重要的，即"最能体现物体过去与将来状态的真实是最具价值的"。例如，当我们要描绘一棵大树时，最重要的是表现其象征成长与生命的枝干所具有的力量与韧性，以及大树向天空不断延伸的态势，而非树叶的特征或者树干的肌理；其次，由光影所表现的形状是主要的真实，而色调、灯光与色彩是次要的真实。拉斯金认为在表达事物的过程中"形状"是最为实在与紧要的，而表现画面特征的色彩与色调则是次要目标；最低层次的真实则是具有欺骗性质的明暗对比，甚至在一定程度上意味着造假，是一种使物体看起来仿佛来自画布的投影技巧，画家表达主题的一种手段，而如果一幅画以此为表现的目的则是可鄙和低级的。

① Ruskin J, Cook E. T, Wedderburn A. The Works of John Ruskin: Modern Painters Volume 1 [M]. Longmans, Green and Co, 1903：163.

2. 建筑的真实表达

在拉斯金的建筑著作中，其对于"真实"的讨论存在着两个维度，即对于古建筑而言强调的是历史的真实呈现，对于当下的新建筑而言则是真实地建造。就后者来说，拉斯金将"真实"定义为"Reality"，表现实情或事物的真实情况，即"事实"（Fact）。如材料的使用符合其"天然属性"（Natural）；建筑的内部结构与外在形式达到"表里如一"（Real）；以及"真实地"（Truthfully）展示建造所使用的劳动数量，在建造上帝居所（教堂）时要"诚实"（Honest）以待（有学者将真实又释义为"Integrity"，即：完整、正直、完好之意），而不能存在任何欺骗与虚假行为。因此，拉斯金的"真实"是对人的道德的全方位要求，而非局限于建筑本体的建造。

拉斯金认为可以通过形象地阐释事物之间的关系或特质进而表达真实的概念，因而建筑也常常被视为一种叙事手段，用以"教化"和"规训"它的观者。与圣安布罗斯大教堂布道台的人物雕刻不同，建筑的真实性表达要抽象得多，但却并非不可能。拉斯金认为哥特作为一种特殊的建筑形式充分表达了"自然"的真实。与古希腊和古罗马建筑讲求"柱式"相比，哥特式建筑更多地表达了一种真实而又颇具想象的事物。如：它完美地展示了建筑的结构形式，尽可能地减少墙面而增加玻璃的面积，即使在狭窄的地方也要尽可能地增加其高度，而柱子则尽可能以少的材料实现最有力的支撑。此外，这种真实有时还表现为工匠们不愿去刻意隐藏材料本身所存在的问题，并能够坦率地接受其作品的低劣，但这也仅仅表现在一般性的建筑中，在重大的教堂中工匠们还是会以追求建筑的完美呈现为目标。尽管哥特式建筑看上去由尖塔、扶壁以及一些怪异的雕刻组合而成，而这一组合正是工匠将象征性的事物通过想象予以情景化的证明。鲁昂圣马可卢教堂（Saint Maclou Church）入口上方的怪兽雕刻以及天使雕刻便是例证（图3-3）；在内在品质方面，与讲求比例与柱式的古希腊、罗马建筑不同，哥特式建筑表达的是一种野蛮、自然、奇异、刚直的精神品质，体现的是工匠积极的创造意识与虔诚的向上精神。拉斯金认为，中世纪的工匠将对上帝的狂热信仰诉诸对高度的追求，从而漠视了古典的建造法则，在一次次试错的过程中展现出强烈的不断向上生长的特征（图3-4），即"坦率地

图3-3　鲁昂圣马可卢教堂（Saint Maclou Church）及入口上方天使雕塑，建于15～16世纪

（图片来源：http://dairyfreetraveler.com/wp-content/uploads/2017/01/Eglise-Saint-Maclou-Exterior-Detail.jpg）

尽力去表现它们，而不受美学规律的限制"。①

　　当这些内在品质与其外在形式完美地结合在一起之时，便是对于生命精神的真实表达以及工匠情感的真实流露。因而，拉斯金认为哥特式建筑比古典建筑更具优秀的艺术特征。②当然，对于哥特式建筑也并非给予完全的赞美，对于其中的虚假结构与过度装饰拉斯金也给予了批评。同样，对于不遵循结构合理性的装饰性雕塑拉斯金同样给予了否定："在科隆大教堂中这种倾斜的石柱

---

① （英）约翰·罗斯金. 威尼斯的石头 [M]. 孙静，译. 济南：山东画报出版社，2014：148.

② 拉斯金对于哥特式建筑的研究曾受到普金观点的影响，普金认为尖拱建筑（Pointed Architecture）和基督教建筑（Christian Architecture）是拥有真实美德的典范性建筑，它们的形式来自结构的法则，每个结构都有其存在的意义，装饰也成为结构的一部分，所有的装饰只用于基本建造的丰富与提升。我们如果依照拉斯金对于哥特式建筑的分析逻辑，古典建筑也是一种真实的建筑，其形式特征（柱式与比例）也是希腊人理性品质的特征的外在表达。只是拉斯金更多地从道德与信仰而不是从建筑自身建构逻辑合理性角度进行分析而得出结论，这也是拉斯金遭到学者诟病的原因。

图3-4　英国威尔斯大教堂（The Wells Cathedral），建于12～15世纪
（图片来源：https://www.vcg.com/creative/811159718）

上就雕塑着四叶饰，而亚眠大教堂中，则雕塑着带有窗花格的拱。这两者对我来说在原则上都是纤弱和虚伪的……特别是牺牲了某些稳定性来满足装饰性的要求。"继而拉斯金推测，正是由于哥特式建筑中那些过度的繁复与无序的雕刻才导致了"结构紊乱或者设计空洞"，从而引发许多建筑师对哥特式建筑的厌恶。

　　拉斯金在强调建筑应表现真实的同时也强调建筑"绝不能撒谎"，即在建筑的新建或改造过程中都应该杜绝虚假行为的出现。拉斯金列举了三种不真实的情况：一是结构上的欺骗（Structure Deceits）；二是表面上的欺骗（Surface Deceits）；三是操作上的欺骗（Operative Deceits）。具体情况如使用名不符实的承重模式、在一种材料的表面制造出其他材料的纹样、使用任何一种铸造的或机制的装饰物等。[1]但对于那些已经成为建造惯例的行为拉斯金则给予了肯定，如建

---

① （德）汉诺-沃尔特·克鲁夫特. 建筑理论史——从维特鲁威到现在 [M]. 王贵祥，译. 北京：建筑工业出版社，2005：247.

筑外墙的大理石饰面或镀金的铜门以及装饰性构件。因为没有人真的会以为那整栋建筑都由大理石砌筑，或者整个构件都是金子做的。[①]然而，拉斯金对于建筑中金属的使用存在着较为复杂的感情。拉斯金认为，正是工业机械的产生导致了手工业的衰落，工匠被机械所替代，与手工匠人制作的产品相比，工业产品外形粗糙、形式单调，且缺乏美感。特别是当铸铁构件开始用于建筑的支撑结构之后，传统的建筑体系开始瓦解的同时，视觉形式也发生了变化。传统建筑中厚重的石材墙柱与高耸拱顶相结合所建构出的建筑物才是符合人们审美经验以及视觉逻辑的统一体。因而，拉斯金认为金属可以作为建筑的连接物，而不能用作支撑，只有这样才不会背离此前由石头建立起来的建筑类型（Types）和体系（System）。一旦金属脱离自己的基本"属性"，从连接物变为支撑物，那么建筑就再也不能称其为建筑了。[②]拉斯金曾隐晦地对圣彼得大教堂作出评价，文艺复兴时期建造的建筑往往为了在形式上迎合古典时代的形式规则，在鼓座上使用金属箍筋从而平衡穹顶侧推力的做法是建筑风格与结构形式没有达到吻合或一致而采取的糟糕手段。但这并不代表拉斯金讨厌金属在建筑中的使用，他恳请建筑师或工匠将其用于它应该出现的地方。只是拉斯金在写作《建筑的七盏明灯》时还没有清醒地意识到金属在未来建筑发展中的重要作用。实际情况是，第一机械时代已经悄然来临，一个新的建筑时代也在酝酿之中。

1851年，第一届世界博览会在英国开幕。主会场是一座被称为"水晶宫"（Crystal Palace）的庞大建筑（图3-5）。这座90万平方英尺的巨构在短短9个月的时间内拔地而起，由纤细的铸铁构件以及透明玻璃建构出来的庞然大物深刻改变了人们以往的建筑经验和传统认知。参观世博会的经历对拉斯金的建筑观产生了重要影响，同时也对大量制作粗糙、品质低下的工业制品产生了更多反感。

尽管拉斯金已经被水晶宫如怪兽般的庞大体量与建造速度所折服，但并没有认可其美学价值。1854年6月1日，在水晶宫搬迁重建的完工典礼上拉斯金发

① Ruskin J, Cook E. T, Wedderburn A. The Works of John Ruskin: The Seven Lamps of Architecture [M]. Longmans, Green and Co, 1903: 60–78.

② Ruskin J, Cook E. T, Wedderburn A. The Works of John Ruskin: The Seven Lamps of Architecture [M]. Longmans, Green and Co, 1903: 68.

图3-5　水晶宫立面，1951年

（图片来源：http://www.sohu.com/a/108700397_161490）

表了如下致辞："不要以为我会贬低（确实可能贬低了）水晶宫在架设过程中
所展示的机械独创性，或者低估它给大众留下的持久的深刻印象。然而，机械
的独创性不是绘画或建筑的本质：庞大的体量并不一定意味着设计的高贵。我
相信建造一艘战舰或一座筒形桥所需要的独创性并不亚于建造一座玻璃大厅。
在某些方面，所有这些都值得我们给予最高的赞赏，但这种赞赏与我们给予
诗歌或艺术的赞赏是不同的。我们可以用护卫舰巡视德国的海洋，用铁桥接
布里斯托尔海峡（Bristol Channel），用水晶筑成米德尔塞克斯郡（Middlesex）
的屋顶，但却没有一个可以替代的了弥尔顿（Milton）或者迈克尔·安吉洛
（Michael Angelo）的诗歌。"[1]

　　我们可以看到，拉斯金在水晶宫的演讲与最初写就《建筑的七盏明灯》
时的观念已经有所不同。正如挪威艺术史学家斯蒂芬·楚迪-麦德森（Stephan

---

[1] Ruskin J, Cook E. T, Wedderburn A. The Works of John Ruskin: Lectures on Architecture and Panting with Other Papers [M]. Longmans, Green and Co, 1903：421.

Tschudi-Madsen）所指出的：在水晶宫搬迁开幕式上所发表的演讲是在综合思考了绘画、雕塑和建筑等艺术后，拉斯金对于过去有了新的整体性认识。^①拉斯金晚年的秘书及其传记作者W.G.柯林伍德也认为，拉斯金对于"真"（Sincerity）的理解受到卡莱尔的影响，并贯穿于拉斯金整个思想和实践之中。既包括了"真实地对待大自然，接受她本来的面目"，也包括"真实地对待你自己，去伪存真，了解真正的敬仰之物"^②。

拉斯金对于真实的论述可被视为"建筑七灯"中最为重要的一项原则，甚至超过了对于建筑形式美的追求。从后来拉斯金对于真实性的论述来看，他并非完全拘于纯粹的道德伦理判断，同时也对建筑修建过程中那些已经"形成传统的非真实"做法给予了承认。拉斯金要做的只是避免建筑师依靠观者已形成的视觉习惯而进行弄虚作假，故意欺骗。

从建筑理论的发展来看，拉斯金对于"真实"的讨论在一定程度上推动了现代建筑原则的确立。时至今日，在不同文化语境中，人们对于真实的理解尽管存在一定差异，但对于真实的追求却已经成为建筑学专业内的一种共识，以及人们对事物进行评价的重要标准。20世纪美国建筑理论家肯尼斯·弗兰姆普敦（Kenneth Frampton）曾以"建构"（Construction）为思想核心，进而提出"真实性建造"（Actual Construction）的主张，倡导一种符合材料属性与建构逻辑的建筑设计方法。而这种"真实性建造"在某种程度上也可以被视为拉斯金真实性原则的现代诠释。

3.1.2　作为记忆与历史的建筑

"当我们回首此生过往岁月时，有些片段显得特别醒目：它们赐给我盈满心中、远胜平时的欢喜，或者带给我清明透彻、有别以往的教诲，于是每当念及，总有一股特殊的感恩之情油然而生。"在"记忆之灯"的开篇，拉斯金就

---

① Stephan Tschudi-Madsen .Restoration and Anti-restoration: A Study in English Restoration Philosophy [M]. Universitetsforlaget, 1976：49.

② W.G.Gollinwood. The Life And Work of John Ruskin, Volume 1 [M]. Boston And New York Houghton Mifflin And Company,1893：118–119.

指出了"记忆"（Memory）"过往"（Past）与精神活动（Spirit）之间的内在联系，并在接下来的记忆回溯中描写了自己游览阿尔卑斯山时，山川大地与人造建筑相互映衬所勾画出来的壮丽美景。在这一图景中，建筑作为人类历史的见证，构成了记忆的主要内容。

在后续章节中，拉斯金强调，"没有建筑，也许我们可以照常进行物质上的生活和精神上的崇拜，但是我们会失去记忆"。[①]正是建筑在人类的记忆中扮演了"守护女神"（Protectress）的角色，人们才能回忆过去，直面当下和畅想未来。与建筑相比，也许文字与诗歌更能记录过往之事，但与这些难辨真伪的符号相比，几片残垣断壁或堆叠的石头反而因为可以触摸而更加真实可信。拉斯金将建筑视为民族历史的佐证，从而揭示了建筑存在的真正意义。

就建筑类型而言，拉斯金依据"公用"（Civil Buildings）与"家用"（Domestic Buildings）两种不同功能对建筑进行了初步分类，而这两种分类也对应了人类记忆的两个层级，即"个体记忆"（Individual Memory）与"集体记忆"（Collective Memory）。前者类似家中摆放的纪念祖先的照片或牌位，后者则为城市中树立的各种类型的纪念物（Monumental）。

1. 个体记忆与家宅

在居家建筑的论述中，拉斯金认为如果房子仅仅是用来为一代人提供居住，那么这个民族是没有前途，甚至是民族衰亡的恶兆。因为，任何在故址上新建的房屋都无法重现有德先辈的尊严。[②]当见证父辈荣耀悲欢的家宅被后世子孙拆除时，说明子孙并未对他们的父辈们心存感激与敬畏。如果这是常态，那么我们也就很容易得出这并非是一个充满高尚道德的社会或民族。相反，如果他的子孙将父辈留给他的家宅好生照看，那么即使这座房屋简陋如斯，它也将成为已逝先辈的圣殿，子孙也将得到父辈的庇护。如果某个民

---

① Ruskin J, Cook E. T, Wedderburn A. The Works of John Ruskin: The Seven Lamps of Architecture [M]. Longmans, Green and Co, 1903: 224.

② Ruskin J, Cook E. T, Wedderburn A. The Works of John Ruskin: The Seven Lamps of Architecture [M]. Longmans, Green and Co, 1903: 225.

族或社会都保持了这种传统，那么这个民族也必定是一个具有高尚道德且值得尊重的民族。

基于上述观点，当拉斯金看到那些废弃的古老家宅（图3-6），以及用碎木头和假石头拼凑出来且千篇一律的房屋时，心中升起的只有痛心和愤怒。并隐隐感到不祥之兆的来临，进而感叹"**作为民族强健伟大基石的家宅一定是因为至深至重的溃烂才会在它们祖辈生活的土地上扎根**"。[①]正是出于记忆与道德的双重考虑，拉斯金呼吁国人在建造家宅时，要为它们的世代存续而建。尽可能地使人们喜欢它们，使用坚固的结构、适宜的风格，并配以精美的花纹与雕刻。以此让家宅传世，让子孙重视。同时，也让后辈在家宅的生活中不断镌刻属于他们自己的生平与荣耀，从而使家宅从普通住所晋升为家族圣殿。

图3-6　拉斯金从格仑菲纳斯镇（Glenfinals）发给弗尼瓦尔博士（Dr. Furnivall）信中的插图，1858年绘

（图片来源：Ruskin J, Cook E. T, Wedderburn A. The Works of John Ruskin: Volume 3, The Stone of Venice and Examples of The Architecture of Venice [M]. Longmans, Green and Co, 1903: 24-25. ）

[①] Ruskin J, Cook E. T, Wedderburn A. The Works of John Ruskin: The Seven Lamps of Architecture [M]. Longmans, Green and Co, 1903：226.

2. 集体记忆与公共建筑

与家宅相比，拉斯金认为公共建筑具有明确的"历史意图"（Historical Purpose），特别是那些因重要历史事件或为著名宗教人物而修建的哥特式教堂更具纪念意义。建筑师和工匠们往往通过采用细微精巧且式样繁复的雕刻来展示国家历史，从而塑造国人的民族情感。

在"记忆之灯"一章中，拉斯金详细分析哥特式建筑中雕刻（图3-7）的重要性：它那微妙而丰富的雕刻装饰为民族情感或民族成就感提供了象征化的或者文学化的表达途径。而更多的装饰并不被要求提升至具有"性格"，即使在最具思想性的时期，也留有自由的幻想，或是某些民族象征记号的重复。[①]拉斯金甚至一度认为，即使是做工一般或粗劣的建筑只要能够诉说一则故事，承载一段事迹，也会好过富丽堂皇但却毫无意义的设计。如在威尼斯公爵宫（Ducal Palace）入口旁边以"所罗门王的审判"为主题的柱头雕刻（图3-8）中，刽子手、母亲与婴儿、正义女神、皇帝图拉真，以及哲学家亚里士多德等众多人物形象的雕刻都是对于人类历史或重要人物的展示。这组雕刻形象地说明了15世纪以来威尼斯人对于法律、宗教、神话、道德与正义等历史命题的态度，展示了威尼斯城邦试图通过建筑这一艺术形式规训与教化民众的愿望。法国文豪维克多·雨果在《巴黎圣母院》中对圣母院的雕刻也做出过类似描述：

巴黎圣母院至今仍然是一幢雄伟壮丽的建筑……它是一曲用石头谱写成的雄壮交响乐；是个人和民族的巨大杰作，它既繁杂又统一，如同它的姐妹《伊利亚特》和《罗芒斯罗》；是一个时代的所有力量通力合作的非凡产物，每块石头上都可以看到在天才艺术家的熏陶下，那些娴熟的工匠迸发出来的奇思妙想。

雨果曾将建筑视为"石头的史书"，这是因为建筑具有承载记忆、言说历史与教化民众的功能。中世纪的人们可以不阅读圣经、不倾听布道，甚至不进

---

① Ruskin J, Cook E. T, Wedderburn A. The Works of John Ruskin: The Seven Lamps of Architecture [M]. Longmans, Green and Co, 1903: 229.

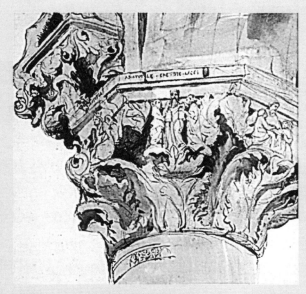

图3-7　拉斯金，威尼斯公爵宫（Ducal Palace）柱头

（图片来源：Ruskin J, Cook E. T, Wedderburn A. The Works of John Ruskin：The Seven Lamps of Architecture［M］. Longmans, Green and Co, 1903.）

图3-8　维奥莱·勒·杜克修复前的巴黎圣母院入口大门

（图片来源：https://upload.wikimedia.org/wikipedia/commons/2/28/Lassus%2C_Viollet-le-Duc_-_Projet_de_restauration_de_Notre-Dame_de_Paris_-_page_5.jpg）

入教堂，仅凭观看墙上的雕刻便可了解上帝的旨意。上帝不仅栖居于教堂高耸的塔楼和缥缈的光线里，也生活在布满雕刻的柱头和墙壁中。

"集体记忆"（Collective Memory）由法国社会学家莫里斯·哈布瓦赫（Maurice Halbwachs）在1925年正式提出，但集体记忆作为一个社会心理学概念却早已存在。19世纪初，"民族国家"概念的兴起在普鲁士推进德国统一的进程中发挥了重要作用。法国大革命之后，重要的建筑均被收归国有，并作为"国家遗产"（National Heritage）用于强化民族文化共同体的概念。因此"民族国家的历史"在一定程度上也是"民族国家的集体记忆"，历史建筑作为重要的物质载体便具有了承载国家与集体记忆的责任。拉斯金同样也将建筑视为"民族记忆的"载体，在《建筑的七盏明灯》中我们常常可以看到"公共"（Civil）、"国家"（Country）、"民族"（Nation）与公众审美及民众道德的组合使用。

正常情况下，与人的寿命相比，建筑的生命要长久得多，正因如此建筑才具有超越人类个体记忆的可能。建筑因其持久的历时性，所以有着记录历史的天然属性，早在远古时代便有了多种纪念性建筑。它们有些是为纪念某场战役胜利，或者是某位皇帝的文治武功而建造，甚至是作为纯粹的坟墓而保留至今（图3-9），如古代埃及的金字塔、法老墓和方尖碑，古罗马的记功柱、军功庙、奖杯亭和凯旋门等。正如胡恒在"重构遗忘之场"中所说："历史事件转瞬即逝，但是记忆却可环绕该场所，久久不去，它会寄托在那些建筑、景观、雕塑，甚至一草一木上，正如废墟、遗迹常常引发思古之幽情"。[①]此外，由于历时性是建筑的共同本质特征，所有留存至今的古代建筑在一定程度上都具有纪念意义，只是它们并非为特定的纪念目的而建，但却因在历史发展过程中见证了时代的变迁或重要事件而被赋予了纪念意义。通过欣赏这些建筑我们可以回忆或想象过去所发生的事情，而建筑本身也由于记忆的积累而变得更具历史价值。

基于建筑的历时性特征，拉斯金指出，"建筑最可歌可颂，最灿烂辉煌之处，着实不在其珠宝美玉，不在其金阙银台，而是在其年岁"。[②]在它经历四季变化与斗转星移中目睹国家的兴亡，在朝代更迭之后仍能借由建筑形体的完

---

① 胡恒. 不分类的建筑2 [M]. 上海：同济大学出版社，2015：22.
②（英）约翰·罗斯金. 建筑的七盏明灯 [M]. 谷意，译. 济南：山东画报出版社，2012：301.

图3-9　阿特雷斯宝库（Treasury of Atreus）入口及内部，建于公元前14世纪
（图片来源：https://evolvingcritic.net/2010/06/）

整与精美雕刻而传递往昔的信息，通过堆叠的砖石瓦砾为后人提供可以信赖的恒久见证。拉斯金强调建筑不能只为当下的使用而建，要为了记忆的永久存续建造。应使之在未来的某天可以成为传递记忆的纪念碑，以及成为沟通人们过去与现在的桥梁。

　　总而言之，居住建筑中的个体记忆与公用建筑中的集体记忆共同建构了民族和国家的历史，以及社会和文化的认同。然而，历史是抽象化了的过去，只有当面对某个具体的物像时，群体或民族才能够形成起共同的"回忆"（确切地说是"历史的想象"），进而形成真正意义上的共同体。而这也是为什么拉斯金认为，真实存在的建筑要比疑云笼罩的诗歌更加直入人心。与拉斯金的观点相似，意大利建筑理论家阿尔多·罗西（Aldo Rossi）在其《城市建筑学》中曾将城市比喻为"生存与死亡的大本营"（图3-10、图3-11）。①罗西告诉我

---

① 美国建筑师彼得·埃森曼（Peter Eisenman）在城市建筑学的序言中转述了罗西对于城市与建筑的看法：欧洲的城市已成为死亡的住所。它的历史和功能已经结束；它已抹去早期单个住房的特有记忆而成为一种集合记忆的场所。作为一个巨大或集合的住所，城市所具有的心理显示是由其作为幻想和错觉的场所而引起的，这与生和死的转换状态相类同。在罗西看来，写作和绘图都是一种努力，它们可以探索城市这个巨大的记忆住所。参见：（意）阿尔多·罗西. 城市建筑学 [M]. 黄士钧，译. 北京：中国建筑工业出版社，2006：7.

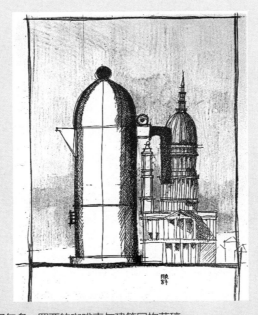

图3-10　阿尔多·罗西的咖啡壶与建筑同构草稿

（图片来源：http://a-plus.be/recensie/steden-worden-te-snel-doodverklaard/#.
WlxE1_lsjBM）

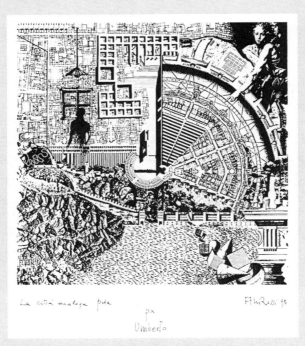

图3-11　阿尔多·罗西在罗马设计竞赛中提供的设计方案

（图片来源：http://a-plus.be/recensie/steden-worden-te-snel-doodverklaard/#.
WlxE1_lsjBM）

们，尽管古代人已经死去，但留存的建筑却依然昭示着他们的存在，现在的人们依然可以通过建筑与古人对话，体验他们曾经的生活方式与思考他们曾经思考的问题。而这就是历史建筑存在的意义与价值，"它们是一种我们仍在经历的'过去'"。①甚至，罗西认为正是历史建筑的存在造成了往昔与现在时间上的距离感，这些遗迹依然在可见的形式与无形的精神上为城市增添意义，为居住于此的人们提供精神的慰藉，同时也为旅行至此的游客提供奇异的视觉体验与历史想象。

3.1.3　建筑的真实与历史价值呈现

尽管文艺复兴初期的意大利人文主义者兼考古学家齐里亚科（Cyriaque di Pizzicolli，1391~1452）在15世纪就已经将"古迹和铭文视为比古典作家的文献更可靠的关于古典时代的证据"，但现代意义上的历史观念是在18世纪的欧洲历史建筑考古大发掘基础上才逐渐形成的。至18世纪中后期，现代科学考古与历史主义已悄然改变了人们的时空观念，西方人开始将历史看作一段已经完成的发展过程，而那些历史古迹也成了历史的证言。一方面，这种视角使得人们能够更加客观地看待历史发展的过程，并逐渐建构起一套看待与利用建筑的观念；另一方面，这种貌似科学的知识体系也将人们从历史中割裂出来，将建筑发展史视为一套建筑风格转换史，从而消除了建筑发展的内在动力。

1．真实与历史的辩证

1795年，法国历史古迹博物馆（Musée des Monuments Français）正式向公众开放，博物馆作为可移动文物与艺术品的庇护所彻底改变了人们看待古迹的观念。博物馆在有效推动文物保护的同时，也将大量的艺术品从原有环境中剥离，放置于保存条件更好的室内空间，以延展艺术品的寿命。从而时间的流逝在某种程度上将不再对文物与艺术品构成威胁，处于博物馆中的艺术品从此脱离了正常的生命历程成为一具"木乃伊"。对此，19世纪法国古典考古学家和

---

① （意）阿尔多·罗西. 城市建筑学 [M]. 黄士钧，译. 北京：中国建筑工业出版社，2006：59.

艺术批评家考特梅尔·德昆西(Quatremère de Quincy，1755~1849)认为，艺术品应该放在它原始的位置上，而博物馆是艺术的终结之地。将文物古迹搬移、收集它们的碎片并把它们系统地分类，这些都意味着建立了一个死亡的国度："这样的做法是活着参加自己的葬礼；是把历史抽离出来，并抹杀艺术；这实际不是在创造历史，而是制作墓志铭。"①

从本质上来说，博物馆的保存方式仅仅是在人为延缓事物的衰亡速度，并不会阻止它最终消亡的本质，相反这一行为同样会改变建筑原本有序的、真实的传续历程。一旦要改变自然规律，停止某个本应在时间流逝中自然衰亡的事物，那么所有的价值判断均会受到质疑。然而，人们为了更长时间地留住记忆却又不得不去延长古迹或艺术品的寿命。从伦理道德上讲，所有的保护或修复都具有"反时间性"特征。因为当我们选择复活一段历史的时候，必然以埋葬另一段历史为代价，因而必然陷入无法破解的时间悖论中。

如果要打破这个难题，我们则应该将"真实"与"历史"之间的关系解读为"真实地呈现历史"，而不是妄图"真实地重现历史"。尊重建筑和艺术品在时间流逝过程中的改变和历史痕迹，并将其真实地展现。如果妄图在古迹上重现历史的某个节点或某种建筑的某种风格，则必定会以破坏其他历史时段的"痕迹"为代价，从而损害其本体的真实性。因而，"真实"针对的目标应是当下的，而非历史的过去或历史的未来；针对的是古迹不完美的"实在本体"，而非古迹完美的"形式风格"。

真实性是"历史价值"的基础，当建筑作为历史的证言，那么建筑的真实就代表了历史的真实，历史演变过程中每次施加于建筑的人为活动或自然损毁都将影响到历史价值的增减。在拉斯金看来，任何对于建筑的改造与修复必然影响到历史真实性的呈现。

然而，令人尴尬的是，拉斯金的观点也会让我们陷入建筑的"历史的终结论"中。对于历史建筑来说，从建造完成至我们当下，期间必然要经历持续的岁月流变，在改造、损毁或重建过程中见证社会变迁与朝代更迭，进而形成具有多种价值内涵的历史证物。如果我们今天只能通过保护而不对其进行修复与

---

① （芬兰）尤嘎·尤基莱托. 建筑保护史［M］. 郭游，译. 北京：中华书局，2011：103.

改造，那么建筑的生命只能不断衰落下去，终将走向废墟并消失于无形，建筑的历史也将走向终结。因此，人们对于真实的理解不应跳脱历史，应在永续的历史中看待建筑。

"真实"具有相对性，不同的历史观念与文化环境会对真实产生相异的理解。基于建筑而言，能够反映历史演变过程的信息都可被认为是真实的。归根结底，建筑是人类创造与劳动的结果，建筑的道德在于其"功用"的保持，经过恰当改造与修复的建筑同样具有历史价值，同样可以体现历史的真实性。我们要关注的是在具体改造与修复过程中，对待它们的态度以及所采用的方法。对其保持充分的尊重，真实地展现其材料、结构、形式、风格等建筑元素。尽可能地保留其历史"痕迹"，从而达到"真实地呈现历史"之目的。

2. 历史的真实与风格的真实

19世纪初，尽管人们对于真实的重要性已经取得共识，但对于何为"真实"却依然存有异议。至19世纪40年代，英国掀起了一场关于"真实性"问题的大讨论。争辩的双方以中世纪建筑修复原则为焦点，主张进行修复的一方以"忠实最初风格"为原则，主张恢复或重建教堂的早期形式；而另一方则认为应保持教堂的历史现状，反对恢复教堂的早期风格。后者认为修复或重建至最初状态不仅不会还原教堂的真实面貌，反而会破坏教堂存在的特殊历史与文化环境，以及原有建筑材料的真实性。[1]从争辩双方对于真实的理解来看，前者是以修复对象是否符合哥特式教堂的理想形式为真实性的判断标准；而后者主张以历史史实为依据进行真实性的判断。

尽管辩论双方都要为建筑的"真实"代言，但二者对于"真实"的理解却有着巨大的差异。前者忽视了建筑的历时性特征，将建筑视为特定时期的特定产物，认为每个历史时期都有其固定不变的风格特征，因而是一种静态的历史观。造成这一观点关键原因在于人们将自身抽离于历史发展的脉络之外，将建筑发展史视为特定的风格演变史。今天来看，这一观点显然有违反历史发展的

---

① Jukka Jokilehto. A History of Architectural Conservation [M]. Butterworth-Heinemann Educational and Professional Publishing Ltd, 2002: 159.

客观规律。对此，德国哲学家瓦尔特·本雅明（Walter Benjamin）曾精辟地指出："一件东西的原真性（Echtheit，也可译为真实性）是所有的从一开始就可以传播的东西的本质，包括它实际存在的世间长短及它曾经历过的历史的证明"。[①]因而，我们应该将建筑的存在过程视为一个整体，其历史过程中所产生的任何改变都是历史的真实显现。

　　除历史观念作为困扰真实性的问题之外，历史建筑本身也有着复杂的现实问题。与东方的木构建筑不同，西方传统石质建筑（特别是大型宗教建筑）因材料加工、建造技术、结构形式，以及资金问题都会影响建造的进程。一座教堂往往需要经历数十年甚至上百年的时间才能建造完成。而在这一漫长的过程中，教堂的形式、风格或空间布局都可能受到教会与世俗力量的影响而发生变化，并留下不同时期的印记。因此，我们常常可以看到一座教堂会同时出现数种建筑风格共存的现象。

　　以罗马的圣彼得大教堂（St. Peter's Basilica）为例（图3-12）。大教堂的历史最早可追溯到君士坦丁大帝于公元326～333年间修建的巴西利卡式建筑。1503年，新教堂开始在老教堂旧址之上进行重建，先后共经历了120年的时间方告完成。新教堂最初由文艺复兴时期著名的建筑师多纳托·伯拉孟特（Donato Bramante，1444～1514）设计，并在其去世后分别由文艺复兴三杰之

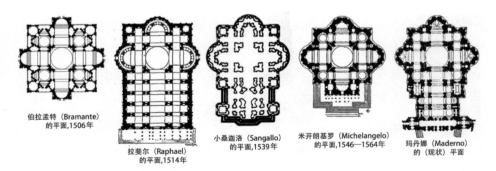

伯拉孟特（Bramante）的平面,1506年　　拉斐尔（Raphael）的平面,1514年　　小桑迦洛（Sangallo）的平面,1539年　　米开朗基罗（Michelangelo）的平面,1546—1564年　　玛丹娜（Maderno）的（现状）平面

图3-12　罗马圣彼得大教堂（St. Peter's Basilica）平面变化过程
（图片来源：作者整理绘制）

① （德）瓦尔特·本雅明. 机械复制时代的艺术［M］. 李伟，郭冬，编译. 重庆：重庆出版社，2006：5.

一的拉斐尔（1514）、小安东尼奥·达·桑加洛（Antonio da Sangallo，1538）以及米开朗基罗（1547）先后接任建设总监职位，最终于1626年宣告落成。而大教堂正前方的椭圆形广场则由那不勒斯的建筑师乔凡尼·洛伦佐·贝尼尼（Gianlorenzo Bernini）在1667年主持设计。在前后120年的时间里，由于"形制之争"大教堂先后经历数次修改，才形成了今天我们所看到的模样。

此外，大量的欧洲教堂即使在初次建造完成后也会因人为或自然损毁而不断出现重建或改建的情况。法国夏特尔天主教堂（Chartres Cathedral）是一座典型的哥特式建筑，曾先后历经六次重建而延存至今。教堂最初为一座巴西利卡式建筑，在8～12世纪先后经历数次火灾而不断重建。1020年大火之后，教堂重建为罗马风式建筑，但新教堂建成仅半个世纪后，又再次毁于1194年的一场火灾，仅有部分墙体幸免残留。后在夏特尔市民的共同努力下教堂再次得以重建，1220年新教堂主体建筑完工，1260年举行了落成典礼。由于教堂是原址重建，旧有西门廊与三个正门上方的12世纪雕刻作品都得到了保留。新教堂的整体建筑风格已经不再是罗马风式，取而代之的是当时开始兴起的哥特式。不幸的是，1507年的一次雷电击毁了北侧尖塔，建筑师杰汗·德·博斯（Jehan de Beauce）以当时的审美标准进行了重建。从而教堂双塔呈现出明显差异，旧有罗马式钟楼与改建后的哥特式塔楼左右相望。然而，大教堂命运多舛。1836年，大火又再一次毁掉了教堂的木制屋架，继而在修复过程中屋顶结构被生铁屋架和铜皮屋顶所替代（图3-13）。此外，教堂北侧的玫瑰窗也历经多次修改，从车轮形变成玫瑰花，再从玫瑰花变成火焰的模样，其窗户的装饰风格随着曲线花窗格也变得更为繁复。

尽管两个教堂重建或修复的原因各不相同，但结果却十分相似，即在漫长的建造与修复过程中其最初面貌已经丧失。其中，圣彼得大教堂虽然方案几经调整但建造过程较为连续，且后续没有再经历过大规模改造，因而在形式上较为完整与对称；夏特尔教堂则因数次毁坏，其修复与重建较为频繁，因而建筑立面形式带有明显的时代特征。当下来看，两座教堂均为真实历史的显现，只是前者较为隐秘，而后者则相对明显。尽管夏特尔教堂虽没有达到形式上的对称，但仍具有良好的视觉效果，并因双塔形式上的差异反而给人更多想象空间。如果按照风格性修复所倡导的真实性原则进行修复，则势必会摧毁其历史的真实面貌。

图3-13　法国夏特尔教堂Chartres Cathedral，初建于12~13世纪
（图片来源：https://en.wikipedia.org/wiki/Chartres_Cathedral#/media/File:
Chartres_Cathedral.jpg）

3．历史性真实的解析

　　拉斯金将真实与历史相结合，并将其作为一种基于道德的价值观予以宣扬。对于历史而言，建筑与古迹带给人的想象要比文字与图像更具说服力，也更加真实："我们从人去楼空、荒烟蔓草的尼尼微遗迹里，捡拾搜罗的点点滴滴，一定比重建整个米兰可以带来的更多。"[1]因此，拉斯金为建筑定下了两条要义：

　　其一，要令当前之建筑风格呈现出历史意义。
　　其二，要将过往之建筑当作最珍贵的遗产予以保存维护。[2]

① （英）约翰·罗斯金. 建筑的七盏明灯 [M]. 谷意，译. 济南：山东画报出版社，2012：316.
② （英）约翰·罗斯金. 建筑的七盏明灯 [M]. 谷意，译. 济南：山东画报出版社，2012：289.

前者虽是对当下人们的建造行为提出"呈现历史意义"的要求，但其实质却是要求建筑师真实地展现当下的建筑风格；后者要求当代人保存好历史建筑，但其目的却是希望有朝一日今天的建筑也能成为"来日之遗产"，同样得到后辈的保存。两条要义前后接续，进而形成循环往复。

建筑不仅是先辈的伟大创造，还是国家历史与民族记忆的载体。因而拉斯金极力反对修复，即使为保证安全而进行的必要修缮或者重建，也应以历史的真实性展现为原则，而不能无视其现状将其修复至所谓完美状态，更不能以假乱真故意混淆历史。只有保持其绝对的真实性才能被世人所信赖，才能成为真正的历史证言。

此外，拉斯金认为哥特式建筑是信仰与科学的完美结合，也是道德与艺术的可见表征。然而，普金所领导的"哥特复兴"已经不同于中世纪的哥特式建筑。传统的哥特式建筑更多是工匠们异想天开的创造，具有自发性与创造性特征。而普金的哥特式复兴建筑则是经过建筑师精心设计的结果，新的哥特式建筑丧失了工匠们最原初的创造力与奉献精神，仅是对这一建筑形式及风格的模仿。因此，拉斯金认为"中世纪教堂和威尼斯的哥特式建筑才是最为真实的"这一论断有着深刻的洞见。

芬兰历史建筑保护专家尤嘎·尤基莱托教授（Jukka Jukilehto）也认为，拉斯金为历史建筑特性与价值的辩论做出了贡献，并赋予"历史真实性"以重要意义，并将其视为七盏明灯的基础。尤嘎指出，拉斯金不仅关注建筑的真实性，而且对于历史城市的更新表达了关切。在19世纪的城市扩张与更新过程中，许多历史建筑遭到破坏。拉斯金警告人们不应以拆除老建筑为荣，而是要多关注历史街区与昏暗街道上那些不起眼的老建筑所具有的价值。任何著名的历史城市都不是由孤立的纪念物组成，而是包含各种类型的建筑、空间和细节。人们对法国和意大利古城的兴趣，并不是依赖于那些孤立的宫殿，而是在于"它们代表着那些引以为豪的时代"。[①]

综上所述，真实是一个相对的辩证概念，其内涵也随着人类知识的拓展以及文化多样性而存在不同的解读。对于拉斯金来说"真"是艺术的核心主题之

---

① Jukka Jokilehto. A History of Architectural Conservation [M]. Butterworth–Heinemann Educational and Professional Publishing Ltd, 2002：180.

一，并自然地统一于艺术之中。建筑的"真实"从来都不是单指事物的某一层面，而是全面的多重理解。不仅指建筑应具有的品质，也是对人的行为要求。因而，在对待建筑的问题上我们不应仅从技术层面分析建筑的真实性，还应从连续的历史演变过程中理解建筑，并以"真"的道德标准在行动中真实地建造建筑。

3.2　艺术价值的真谛：美与真实

与简单的物欲占有，以及肉体快感所带来的满足相比，艺术的价值在于慰藉人的心灵，是对人类精神的关照。拉斯金在《艺术与道德》中指出，所有伟大艺术的目的，不是为了给人类生活提供支持，就是为了使其愉悦（通常两者兼具）。与此相应的是，马克思主义也把人的需要分为"生存需要""享受需要"及"发展需要"三个层次，即对于"生活资料""享受资料"和"发展资料"的需求。美国社会心理学家亚伯拉罕·马斯洛（Abraham H. Maslow）提出的需求层次理论，以及德国知识社会学家马克斯·舍勒（Max Scheler）在现象学基础上提出的五类基本价值形式也都印证和强调了人对于艺术的内在需求，以及艺术对于人的完善所起到的重要作用。[1]在文明社会，艺术是人们追求真、善、美、正义等普世价值的媒介与手段，追求美是人类的天性，也是人类创造艺术的终极目的。

---

[1] 马斯洛以主体需要的普遍性程度将人的需要从低级到高级划分为5个层次，并在1970年将其升级为：生理的需要（Physiological Need）、安全需要（Safety Need）、归属和爱的需要（Belongingness and Love Need）、尊重的需要（Esteem Need）、认知需求（Cognitive needs）、审美需求（Aesthetic Needs）、自我实现的需要（Self-Actualization Need）、超越需要（Transcendence Needs）8个层次。其中，"审美需求"位列第6，主要是指：欣赏和寻找美、平衡、形式等。从马斯洛的角度来看，审美需求是人的精神活动的必要需求之一。舍勒的五类基本价值形式分别为："感情价值"，为感情冲动所支配的人格所感受到的快乐与痛苦体验；"实用价值"，以有效指导日常生活实践和提高经济收入为目的；"生命价值"，体现生命高贵和卑贱、健康和疾病所产生的情感状态；"精神价值"，对于事物美和丑、正义和邪恶、真和假的感知，以及相应的精神上的幸福、爱慕、愤恨、憎恶等情感状态；"宗教价值"，对于圣洁与衰溃，以及相应情感上的极乐或绝望的情感状态。

3.2.1 美与自然的内在关系

1. 自然的特质与美的特征

"我认为，如果我们通过对事物外观特点的简单思考而获得快乐，而这种快乐不带有任何直接而确切的智慧成分，那么在某种意义上或某种程度上讲，具有这种特点的任何事物都是美丽的。"[①]这是拉斯金在《现代画家》第一卷"美的理念"中为"美"下的定义。这一定义排除了个体智力因素作用于理性时的可能，也摒弃了道德对于个体行为的潜在约束，根植于事物的外在形式以及色彩带给人们的最为直接和纯粹的视觉感受。在《现代画家》第二卷，拉斯金将"美"划分为"典型美"与"活力美"两种类型：

"典型美"（Typical Beauty）是对事物外在形式特征的描述，即事物表现出来的可见的各种美的迹象，并具有某种典型的神性特征；而"活力美"（Vital Beauty）则是指有生之物身上所展现出来的恰当功能满足，特别是人类身上所展现出来的对于生命的满足与欢欣。[②]同时，拉斯金声称如果存在超出上述两种情况而使用美这个词，要么是错误的，要么就是形而上学的。比如，遵循某种既定规则的约束进而推理得出美的结论，或者受到某个权威话语的影响而得出美的结论。

从美的定义与美的类型两个方面分析，我们可以发现，拉斯金对于美的对象进行了限定，即所有可以引发我们美感的事物基本上都是源于自然（Nature），即使是人造艺术品的美也是通过对自然的模仿而来。拉斯金甚至断言："人类如果不模仿自然形状则在创造性方面就不可能获得进步"。[③]

在典型美的具体论述中，拉斯金列举了六种大自然所具有的美的特征：即无限（Infinity）、整体（Unity）、静谧（Repose）、对称（Symmetry）、纯洁（Pure）、适度（Moderate），前面四种特征可将其归为"具有神圣性与公正性"

① Ruskin J, Cook E. T, Wedderburn A. The Works of John Ruskin: Modern Painters [M]. Longmans, Green and Co, 1903: 109.

② Ruskin J, Cook E. T, Wedderburn A. The Works of John Ruskin: Modern Painters [M]. Longmans, Green and Co, 1903: 64.

③ Ruskin J, Cook E. T, Wedderburn A. The Works of John Ruskin: Modern Painters [M]. Longmans, Green and Co, 1903: 139.

的类型；后面两种则可归为"符合法则"的类型。如果从描述对象的性质上讨论则可分为：无限、静谧、纯洁等精神性体验，属个体可感知的范围；而整体、对称、适度等具体形体分析与视觉描述，则属于大众普遍美的法则。人们对于典型美的感受是通过视觉观看自然有形事物过程中所产生的，并伴随着主观意识的参与。如拉斯金借用对天空的描述来解释"无限性"的内涵：

"不是因为它们的形式更高贵，不是因为它们的色泽更纯净，不是因为光线更强烈，而是因为这陌生的、遥远的苍穹拥有迷人的力量。他拥有或者暗示着，在同样条件下其他的可见事物无法相比的特质，这就是他的'无限性'"。①这种无限性在大自然中随处可见，既可以是无限丰富的色彩变化，也可以是蜿蜒伸展的且可分割为无数小段的优美曲线。任何一种艺术如果没有表达出无限性可能的对象，那么它都算不得完美，因而也不具备振奋精神的作用。

对于"整体性"，拉斯金认为："任何事物，如果是以分离的、孤立的，或者是自立自足的形式存在的，都是以不完整的形式表现出来的。而以结合的、有同伴情谊的形式存在的事物，都是正确的、愉悦的。这不仅是事物完美的表现，也是我们说的上帝的典型的整一性的表现。"②拉斯金对于整体性的理解没有局限在形体"完整"或者"残缺"上，而是欲将一种事物与另一种事物进行结合从而达到整体统一的效果。其整合的目的也不仅是形式的完整，而是对象所表现出来的和谐统一。整体性的类型包括：从属整体性、来源整体性、秩序整体性、成员整体性四种。③而不同类型的整体性最终呈现的是和谐共处的多样性统一。

"静谧"被拉斯金认为是一种极其特殊并难以描述与定义的典型美类型，"与激情、变化、充实或艰辛的努力不同，静谧具有独特和独立的永恒思想和力量的特征。它是造物者的"我是"状态，反对所有生物的"我适应"状态；

---

① 刘须明. 罗斯金艺术美学思想研究［M］. 南京：东南大学出版社，2010：68.
② 刘须明. 罗斯金艺术美学思想研究［M］. 南京：东南大学出版社，2010：69.
③ "从属整体性"是指一个物体对另一个物体的服从；"来源整体性"是指事物起源与发展过程中具有相同的属性；"秩序整体性"是指事物之间的顺序排列或者前后承续所形成的链接关系；"成员整体"则是指事物各个部分之间和平共处，共同组成一个连贯有序的整体从而达到多样统一的和谐状态。参见：刘须明. 罗斯金艺术美学思想研究［M］. 南京：东南大学出版社，2010：70.

它是无法令人质疑的至高知识的标志，是无须费力而得的至高权力，是无须改变的至高意志；静谧是坐落在多变水域旁的不朽房屋中所透露出的静止光线。"①诚如拉斯金所说，这是一种难以定义的类型，但是他在一定程度上仍然为我们展示了这一类型神秘缥缈的两种内涵：其一，自然元素以其庞大的体量或身姿所展现出的力量，如苍茫巍峨的高山与静止的深蓝湖水所昭示的肃穆与威严；其二，事物虽处于静止之中，但仍然埋藏着一股生命力来抗衡即将到来的危险，从而激发出一种伟大与崇高之情。静谧的高贵性甚至可以成为衡量艺术作品或个体生命是否具有伟大潜质的试金石，以静谧为标准，任何不美的实物都会原形毕露，所以神情镇定的《忒修斯》(Theseus，图3-14)②要比神情抽搐身体扭曲的《拉奥孔》(Laocoon，图3-15) 更加伟大。因此，拉斯金在讨论"活力美"时再次强调："我们认为静谧对于所有的美是必不可少的。如前所述，宁静不是虚空，也非奢侈，更不是优柔寡断，而是庄严的力量与存在。在行动时表现为信任与果断的镇定；在静止时则表现为完成任务与赢得胜利的意识；这种安宁和幸福可以使你在即将面临的灾难与暴风雨中仍可如在舒适的水塘边坦然自若。"③

总体而言，拉斯金为典型美所设定的源泉是广大的自然界，美的模仿对象也均为自然界中已经存在或自然所孕育的事物。这些自然之物被拉斯金视为上帝的创造，因而具有天然的神圣特征。同时，对于典型美的认知也需要观者本身具备良好的观察与体验能力。

2．建筑中的自然与美

在古典哲学或艺术理论的思考中，人造之物与自然之间存在着一种对立关系。建筑作为一种人造物更是将自身与自然界相分离。但是，拉斯金却认

---

① Ruskin J, Cook E. T, Wedderburn A. The Works of John Ruskin: Modern Painters Volume 2 [M]. Longmans, Green and Co, 1903：113.

② 拉斯金全集编者注，拉斯金引用的与《拉奥孔》做对比的雕像并非是《忒修斯》而是名为《垂死的角斗士》(Dying Gladiator)。编者认为在拉斯金写作《现代画家》第二卷期间，他正在着力研究埃尔金的石刻 (Elgin Marbles)。因此，拉斯金所描述的垂死角斗士的雕像虽然只是被征服的奴隶和屠夫的牺牲品，但却具有高贵的格调。

③ Ruskin J, Cook E T, Wedderburn A . The Works of John Ruskin: Poems [M]. Longmans, Green and Co, 1903：173.

图3-14　垂死的角斗士（Dying Gladiator），古希腊

（图片来源：https://classconnection.s3.amazonaws.com/899/flashcards/36408
99/jpg）

图3-15　拉奥孔（Laocoon），古希腊

（图片来源：http://classconnection.s3.amazonaws.com/1744/flashcards/710026/png/
11.png）

为："建筑唯有经由某种自然法则才能达至繁荣，而这种自然法则与那种规范宗教、政治及社会关系的法则有着同等的严格与权威"。[1]绘画作品通过模仿与表现自然而获得价值，然而建筑又是如何通过自身而展现自然呢？

在"美之灯"的开篇，拉斯金将建筑价值的产生归因于两种截然不同的特征：

其一，建筑从人类力量（Human Power）获得印象。

其二，建筑所表现出来的自然创造（Natural Creation）的形象。[2]

两种特征均可被人们所体验，前者可以解释为通过建筑师的设计与建造而使建筑获得尊重，是人类建造力量的表达。这种人造力量与其建筑所形成的震慑程度是一种正比关系，展现的是令人赞叹的"庄严之美"；而后者则是基于或遵循自然法则所创造出来的外观形象上的"优雅之美"，建筑中凡是恰当或美观之处都是仿效自然形态而获得的，建筑之美就蕴含在对于有机自然的表现之中。

就美的获取方式而言，拉斯金相信"自然"（Nature）是美的源泉，并认为所有令人赏心悦目的形式或线条都是从外部自然中提取而来，从而引发人们的美好想象与审美感受，因此尊崇自然法则是获得美的途径。拉斯金并不是第一位提出向自然学习以获得美的人，而是继承了西方美学的传统。公元前4世纪的古希腊哲学家柏拉图（Plato）就曾提出"模仿说"，从而奠定了西方美学体系的最初源头。例如罗马圆拱的曲线就可视为对天空苍穹或遥远地平线的模仿，尖拱就是对树叶尖造型的模仿，而最恰到好处的模仿对象则是对人类身体的模仿，如爱奥尼克柱是柔美女性的象征。就此，拉斯金甚至断言："倘若不坦率地模仿人类甚至就无法完成创造"。[3]

---

[1] Ruskin J, Cook E. T, Wedderburn A. The Works of John Ruskin: The Seven Lamps of Architecture [M]. Longmans, Green and Co, 1903：251.

[2] Ruskin J, Cook E. T, Wedderburn A. The Works of John Ruskin: The Seven Lamps of Architecture [M]. Longmans, Green and Co, 1903：138.

[3] Ruskin J, Cook E. T, Wedderburn A. The Works of John Ruskin: The Seven Lamps of Architecture [M]. Longmans, Green and Co, 1903：140.

　　一方面，拉斯金强调艺术作品应模仿自然；另一方面，也重视建筑与自然之间的和谐关系。在其早期著作《建筑的诗意》中拉斯金就表达了这一观点，如在讨论"科莫湖的山庄别墅"时就仔细区分了"农舍"与"别墅"在意大利平原环境中的隐现关系："对于农舍而言，我们已经知道它必须十分谦逊，无论是建筑本身还是周围的区域，以免因明显的对抗而冒犯别人。在外力面前它的力量微不足道。但别墅就不能这么谦逊了，他毕竟是财富和权力的象征，当然我们也不能要求它连对抗金字塔也承受不了的自然力量。"①因而，在处理建筑与周围环境的关系时，"农舍通过与周围景色的融合，增添了其野趣。别墅则必须通过与周围景色的对比，才能达到同样的效果"②。

　　与柏拉图模仿说不同，拉斯金将自然事物表现出来的特质与对于美的体验进行融合，进而提升美的含义。如在讨论雕塑与绘画时，拉斯金认为只有"表现自然事物"才算得上是高雅艺术，而其品质的优劣评判也需要建立在"理解自然的基础上"。尽管自然是永恒的美之源泉，但它却并不总是将最高形式的美展现于人，拉斯金认为"太多的美感将使我们厌烦"，而这同样符合美的"适度"原则。

3.2.2　真实与美的内在关系

　　研究拉斯金的学者普遍认为他是一名唯美主义者，牛津大学教授尼古拉斯·施林普顿（Nicholas Shrimpton）就曾将拉斯金视为"对唯美主义艺术做出贡献的关键人物，在某种程度上是唯美主义的奠基人，他持续地促成了唯美主义的实施"。③但事实上，拉斯金与施林普顿的评价相去甚远。

　　1877年，拉斯金在《给英国工人的信》中对唯美主义画家詹姆斯·麦克尼尔·惠斯勒（James McNeill Whistle）及其作品《黑与金的夜曲：坠落的烟火》（Nocturne in Black and Gold: The Falling Rocket，图3-16）进行了辛辣讽刺。拉斯金称："为惠斯勒先生本人起见，同样也为了保护买主，库茨·林赛爵士

---

① （英）约翰·罗斯金. 建筑的诗意[M]，王如月，译. 济南：山东画报出版社，2014：66.
② （英）约翰·罗斯金. 建筑的诗意[M]，王如月，译. 济南：山东画报出版社，2014：67.
③ Dinah Birch. Ruskin and the Dawn of the Modern［M］. Oxford University Press, 1999：140.

图3-16 詹姆斯·麦克尼尔·惠斯勒（James McNeill Whistle），黑与金的夜曲：坠落的烟火（Nocturne in Black and Gold : The Falling Rocket）

（图片来源：https://www.studyblue.com/notes/note/n/mid-term/deck/728336）

不应该同意让这些作品进入画廊，该画作者缺乏修养的做作近乎存心欺诈。以前，我曾经见到过、也听说过伦敦佬的厚颜无耻，但从没料到会听说一个花花公子向公众脸上泼了一罐颜料，还向他们索要两百个金币。"[1]拉斯金的评论遭到惠斯勒强烈抗议，后者于1878年将拉斯金告上法庭。开庭之日拉斯金因病缺席，其辩词则由三位朋友代为陈述，他们分别是拉斐尔前派画家爱德华·伯恩·琼斯（Edward Bume-Jones，1833～1898）、现实主义画家威廉·鲍威尔·弗里思（William Powell Frith，1819～1909），以及艺术评论家汤姆·泰勒（Tom Taylor）。其中，身为英国皇家美术学院成员的弗里思在法庭上重申了拉斯金的观点，即绘画旨在提升人们的品行，它应具有坚实的伦理基础与细节的描绘，而惠斯勒的画算不上严肃的艺术作品，除了漂亮的颜色没有其他，

---

[1] Ruskin J, Cook E. T, Wedderburn A.Fors Clavigera: Vol.7[M]. Longmans, Green and Co, 1903：160.

更没有表现出任何一种真实。①

从弗里思为拉斯金的辩解中能够看到，拉斯金认为艺术作品应具有展示或表达事物真实的作用，而非局限于一种纯粹的视觉图像。其实早在惠斯勒案之前，拉斯金就对拉斐尔前派画家的作品表达过类似异议。拉斯金甚至为自己理想中的风景画家确定了两个基本原则：

其一，在观众的脑海里激起对任何自然物的忠实的概念。

其二，将观众的目光吸引向那些最值得沉思的自然物，使他们体会到来自画家本人的思想和感情。

因而，我们可以确信拉斯金对于"美"的理解并非建立在"唯美"或纯粹"形式美"的基础上，而是综合考虑了美的属性以及在表达美的过程中所运用的手段。

拉斯金认为好的艺术作品是"美"与"真"的同时存在，并且具有提升大众审美或教化道德品格的作用。然而，就"真"与"美"在艺术作品中的作用来说，前者是构成作品的基础，后者却是艺术的真谛。就其重要性而言，拉斯金则更在乎"真"的表达。对此，拉斯金曾有如下表述："如果缺乏真实，无论什么都难以补偿，最丰富的想象力，最有趣的审美力，最纯真的情感（假设这种情感能够同时既虚假又纯真的话），最得意的构想，对智慧最全面的把握，所有这些都无法弥补对真实的缺损。"②

在论述真和美的特质时，拉斯金进行了如下分析：事实上，真和美虽然经常相关，但却是完全不同的。一个是指对特质的陈述（Property of Statement），一个是指客体（Objects）。"二加二等于四"的论断是正确的，但它既不漂亮，也不丑陋，因为它是不可见的。一朵玫瑰花是漂亮的，但它既不是正确的也不是错误的，因为它是沉默的。不展示就没有美，不断言就无所谓虚假。即使最

① 庭审最后，包括伯恩·琼斯以及泰勒在内的三位艺术家一致认为这幅作品属于未完成作品，因而无法称之为艺术品。尽管惠斯勒也为自己的画作进行了精彩有力的辩护，并在名义上获得了胜诉，并获得了四分之一个便士的赔偿金。但事件本身还是表明了拉斯金所倡导的道德标准获得了维多利亚时代民众的认可。当然，艺术史的后续发展则证明了惠斯勒走在了新时代艺术发展的前沿，但诉讼的费用却使惠斯勒在经济上濒临破产。后来惠斯勒将庭审过程记录在了自己的一本小册子《树敌雅术》中，并为他在日后的声名鹊起提供了裨益。相关内容参见：Whistler M. N. The gentle art of making enemies [M]. Kessinger Publishing, 1931.

② John Ruskin, Modern Painters, Volume 1 [M]. Smith, Elder and Co. 1843：57.

常见的用来指"人造的"和"自然的"事物所用的"虚假"和"真实"这两个术语也是不准确的。一朵人造的玫瑰不"虚假",因为它根本就不是玫瑰。虚假在于做出这种陈述的人,或者引诱人相信它是玫瑰的人。因此,通过反向思考我们可以得出以下结论:即美不仅仅是感官性的,给人虚假印象的不是事物本身,而是制造虚假的人。具体到建筑方面,则是使用一种材料模仿另一种(如在木头上装饰大理石纹),进而误导人们相信其所模仿的事物。这种行为既掩盖了原有材料的真实属性,也是对观者的有意欺骗。

　　"真"与"美"在艺术作品中的具体展现并非是绝对的或均衡的。拉斯金指出,"真"存在重要与一般之分,画家在绘画时不可能将自然界中的"真"全部表达出来,画家需要对两者进行排序并做出抉择,即按照价值的顺序来获得它们,即真第一,美其次。优秀的艺术与低俗艺术的区别在于它除了真实之外还具备超常的美,而不是具备与真实不符的超常的美。①因此,我们可以认为缺乏真的美是虚假的,而缺乏美的真也不会给人以愉悦。优秀的画家知道如何做出取舍,并"最大程度地忠实于自然"。即使在一定程度上自然是丑的或不完美的,也应尽可能地遵从自然的法则。因为"万物因大自然的法则而美丽,但是,偶然,在转瞬间,与其他杰作相比,她却允许丑陋的存在。"②一言以蔽之,在现实中真实的事物可能是丑的,而所谓美的东西并不一定真实,因而"真"比"美"更重要。

　　"美"作为艺术作品的核心要素之一,同样需要符合目的性的表达。即使再美的形式如果不表达观点,再美的装饰不表达意义也是失败的作品。相反,"就算做工粗劣已极,只要诉说着一则故事、承担着一则记录,也好过设计制作富丽无双,却不带任何意义与内涵;伟大的公共建筑身上,不应有任何一处装饰在采用时,居然不是由具有意义的目的来决定"③。此外,在展示"真"与"美"的同时,也要防止故意割裂两者在艺术作品中的关系。正如前文所述,成功的艺术品应同时包含两者。优秀的建筑作品其形式、风格、材质、装饰,以及结构都应符合其功能的定位与身份的性质(图3-17)。

---

① John Ruskin. Modern Painters, Volume 3 [M]. George Allen, 1904: 57.

② John Ruskin. Modern Painters, Volume 1 [M]. Smith, Elder and Co. 1843: 76.

③ (英)约翰·罗斯金. 建筑的七盏明灯 [M]. 谷意, 译. 济南:山东画报出版社, 2012: 296–297.

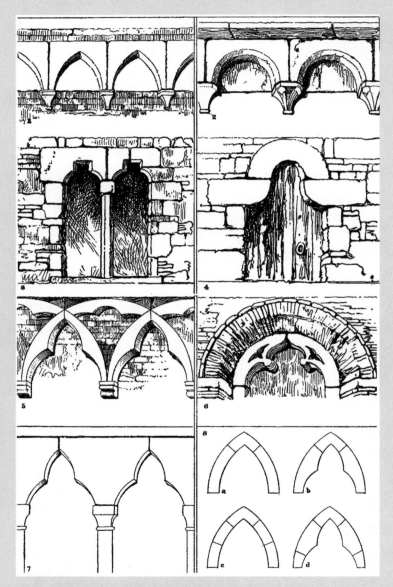

图3-17 拉斯金绘制的不同"哥特砖石拱门"形式

（图片来源：Ruskin J, Cook E. T, Wedderburn A. The Works of John Ruskin: The Stone of Venice and Examples of The Architecture of Venice [M]. Longmans, Green and Co, 1903: 168.）

3.2.3　艺术中的美与崇高

自古典时代以来，不同时代的人们对于美的概念与形式有着不同的解释，文化上的差异也决定了不同的审美特征。但在最为值得探讨的美的范式中，"崇高"与"美"是一对联系非常密切的概念，甚至崇高一度被纳入美的构成之中，其渊源可以追溯至西方古典时代。早在公元1世纪希腊修辞学家朗吉努斯（Longinus）就著有《论崇高》（*Peri Husous*）一书，并指出崇高有伟大、高昂及高尚之意。朗吉努斯认为：崇高的目的不在于说服听众，而是催发听众的兴奋之情，因而崇高不诉诸理智而是基于情感，具有不可抗拒的力量，追求崇高乃是人之天性。[①]而崇高的产生则源于"庄严伟大的思想""强烈而激动的情感""运用（思想和语言）藻饰的技术""高雅的措辞""堂皇卓越的结构"五个方面。[②]朗吉努斯将崇高定义为一种文辞的修饰手法，其目的是通过颂扬古希腊史诗与悲剧中的英雄事迹渲染一种伟岸雄浑的氛围，进而俘获听众的心智。

此后，朗吉努斯的崇高论消匿于欧洲的中世纪，并在17世纪被法国的文学界得到重新发掘。18世纪，爱尔兰保守主义哲学家埃德蒙·伯克（Edmund Burke，1729～1797）在经验主义基础上重新系统化了崇高论，并认为崇高来自人类的恐惧："凡是能以某种方式适宜于引起痛苦和危险的事物，即凡是能以某种方式令人恐怖的，设计可恐怖的对象的，或是类似恐怖那样发挥作用的事物，就是崇高的一个来源。"[③]在艺术作品的感知上，伯克分别将"平滑"与"美""粗糙"与"崇高"进行关联，并对两者进行对比，从而将美和崇高完全对立开来。

德国18世纪古典哲学家伊曼努尔·康德在《判断力批判》中也曾对"崇高"做出过一番主观唯心主义的分析。康德认为，美与崇高是以反思判断为前提而取悦于人的。但两者的不同之处在于，美往往涉及对象的形式，而形式本身是有规律、有限制的；崇高的特征在于无形式，即审美对象的形式无规律、

---

① （古希腊）朗吉努斯，亚里士多德，贺拉斯. 美学三论：论崇高 论诗学 论诗艺［M］. 北京：光明日报出版社，2009：15.

② （古希腊）朗吉努斯，亚里士多德，贺拉斯. 美学三论：论崇高 论诗学 论诗艺［M］. 北京：光明日报出版社，2009：14.

③ 刘须明. 罗斯金艺术美学思想研究［M］. 南京：东南大学出版社，2010：51.

无限制或无限大。美似乎被当作知性概念的展现，而崇高则被当作理性概念的展现。因此，美的愉悦与事物的质相关，而崇高的愉悦则与事物的量相关。美直接带有一种促进生命的情感；而崇高则是一种间接产生的愉快。因此，崇高的愉悦中包含着惊赞和敬重，一种消极的愉快。[①]在康德看来，崇高与理性观念直接相关联，是由想象的恐惧和痛感转化而成的对于理性的尊严和勇敢的快感。因此，崇高的审美最接近伦理道德的判断，必须具有理性观念与一定文化修养的人才能够体验到。

伯克的崇高论对18世纪英国的审美产生了重要影响，并为19世纪如画美学的盛行奠定了基础。拉斯金在借鉴伯克崇高论的基础上，重新挖掘了崇高的内质。但在道德自律方面，拉斯金与康德有着共通之处。与伯克不同之处在于，拉斯金并不认为恐惧本身是崇高的核心构成，而对于恐惧的思考才是崇高的。正如死亡本身不会带来崇高，对于死亡的沉思才会升华人的意志。因而，直面恐惧与痛苦的思考也会激发人们的同情与刚毅，净化卑俗的心灵。拉斯金在《现代画家》第一卷"论崇高"中指出："崇高是任何高于思想的事物施加于思想上的一种效果。……任何使思想升华的事物都是崇高的，而思想的升华是靠对伟大事物的沉思。因此，崇高仅仅是对伟大之效果的另一种描述而已。来自物质、空间、力量、美德或者美丽的伟大都是崇高的……"[②]从这个层面上来讲，崇高其实是"伟大（事物）对于情感影响"（Effect of Greatness Upon the Feelings）的一种描述，因而那些伟大的事物都具有崇高的潜在品质。

一般说来，崇高的事物中含有美的成分，而美的事物却未必具有崇高的精神。即普通意义上的美不具有崇高的品质，只有最高级别的美才能获得崇高感。这是因为崇高部分源于"力量"（Power）的存在。对此，拉斯金在"力量之灯"一章中有所分析，并在一段早年游历山川的文字中进行了详细描述：

在回忆这些力量时，我们常常会发现在记忆的荒漠中，本来没有察觉的一些特征如同一些坚硬的磐石脉络，起初无法察觉，但却因风霜与激流而变得引人注目。意欲纠正自己错误判断的旅行者因为脾气、环境和相关事件的影响，

---

① （德）康德. 判断力批判［M］. 李秋零，译. 北京：中国人民大学出版社，2011：73.
② （英）约翰·罗斯金. 现代画家［M］. 唐亚勋，译. 桂林：广西师范大学出版社，2005：36.

只能坐等横加干预的岁月的冷静判断，留心对近来记忆中图像的突出和形状的新安排。就像观察山中湖泊的潮涨潮落一样，旅行者将会观察连续不断的湖岸其变幻莫测的轮廓，然后以退潮之水的形式，追逐劈开湖底最深处的力量或挖掘湖床最深处的水流的真正方向。①

在这段回忆中，拉斯金展现了自己在面对大自然的宽广与威力时的心理感受。通过描绘山峰陡峭、岩石粗粝、激流飞瀑、浪潮翻滚、劲风迷雾等自然景象，以及自己在面对恶劣环境时意欲折返的心态，显露出人类渺小与自然强大之间的对比。在这些震撼人心的自然场景中埋藏着一股人类无法对抗的力量，这股力量让人心生畏惧，止步不前。然而，一旦人们战胜恐惧，并立于顶峰之上时，崇高之情便会油然而生。德国浪漫主义风景画家卡斯帕·大卫·弗里德里希（Caspar David Friedrich，1774~1840）的《雾海上的漫步者》（图3-18）生动地描绘了身着贵族服装（暗示观者的理智主义身份）的行者站在灰暗嶙峋的山峰之上远眺雾海的场景，行者的孤单背影与壮丽的自然景观之间使人产生了微妙的崇高之情。

尽管不同时代的人们对于崇高的理解存在着差异，但对于崇高的体验及价值并没有改变。崇高是对"自然之力"给人带来的精神压迫与死亡恐惧的超越，是对人战胜恐惧之后的精神犒赏。总之，崇高并非包含在自然景象之中，而是产生于人们战胜恐惧之后。

在"自然之力"之外，拉斯金还认为存在着一种最为崇高之物，即"建筑所具有的宏伟外观形式"（A Sympathy in the Forms of Noble Building），它才是我们真正要追寻的目标。拉斯金继续指出，那些能给我们带来愉悦的建筑其实存在着两种情况：

其一，非常珍贵而又精美的，会引发我们的爱意和敬慕的建筑。

其二，带有庄严、肃穆、神秘感的，并能引发我们敬畏之情的建筑。

尽管有时两者也会同时显现于同一座建筑，但更多时候我们能够清楚地感受到两者的不同。即前者呈现的是"优美"，而后者则是含有敬畏之意的"崇高"。

---

① （英）约翰·罗斯金. 建筑的七盏明灯［M］. 张璘，译. 济南：山东画报出版社，2006：59.

图3-18　弗里德里希（Caspar David Friedrich）的《雾海上的漫步者》
（Wanderer above the Sea of Fog），1818年绘

（图片来源：https://www.the-artists.org/wanderer-above-the-sea-of-fog/）

　　然而，拉斯金所期盼的具有崇高之情的建筑并没有成为19世纪英国的主流，更多地是折中主义的混搭与东方风格的挪用（图3-19～图3-21）。因此，拉斯金慨叹人们致力于形式的变化与新建筑材料的尝试，却没有关注建筑精神的表达，并哀怨我们有各个时代的建筑风格，但就是没有我们自己这个时代的建筑。

图3-19　约翰·纳什（John Nash）仿阿拉伯风格皇家布赖顿别墅（Royal Pavilion），建于1821年

（图片来源：http://ssl.panoramio.com/photo/133350827）

图3-20　罗伯特·斯默克（Robert Smirke）仿希腊风格大英博物馆（The British Museum），建于1847年

（图片来源：http://www.ipernity.com/doc/314095/41847094/sizes/o）

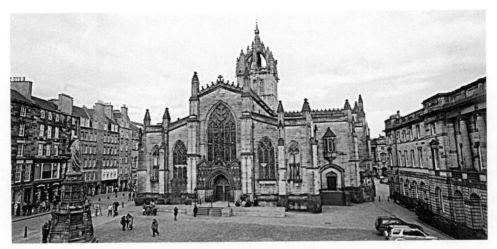

图3-21　普金（A. W. N. Pugin）仿歌特风格圣吉尔斯大教堂（St. Giles' Cathedral），建于1846年

（图片来源：http://www.ipernity.com/doc/cinghiospol/13733030）

3.2.4　美与道德在建筑中的显现

1．道德与美的辩证关系

无论绘画还是建筑，拉斯金对于美的讨论都浸染着浓厚的道德成分，将美的评判与社会、宗教、政治，以及个人的品德与行为相联系，并在某种程度上与康德的主张存在一致性。在1790年问世的《判断力批判》中，康德将美视为德行的象征："真正的德行只能是植根于原则之上，这些原则越是普遍，它们也就越崇高、越高贵。这些原则不是思辨的规律而是一种感觉的意识，它就活在每个人的心中……如果我说它就是对人性之美和价值的感觉，那么我就概括了它的全部……唯有当一个人使他自己的品性服从于如此之广博的品性的时候，我们善良的动机才能成比例地加以运用，并且会完成其为德行美的那种高贵的形态。"[1]在康德看来，最高层次的美是与善相结合的，存在于个体的道德自律中。

---

① （德）康德. 论优美感和崇高感 [M]. 何兆武，译. 北京：商务印书馆，2004：14.

与康德的观点相似，拉斯金在1858年南肯辛顿博物馆（South Kensington Museum）的开幕式上就艺术的道德问题做了题为《传统艺术对国家的消极影响》（*The deteriorative Power of Conventional Art over Nations*）的演讲。拉斯金指出："无论何处，只要艺术是为己而生，工人为自己的产品而快乐，而不是为了他所解释的和展示的，那么，艺术就会对他的大脑和心智产生致命影响。长久以来，这一问题都在破坏智力和道德原则。艺术应以谦卑和自我为基础，对世间的事实进行明确的陈述和记录，并永久致力于助益人类的安慰、力量和救赎。"[①]从上述艺术作用的描述中可以看到，拉斯金对于"为艺术而艺术"的做法持批评态度，没有道德担当的艺术不能称其为艺术。

此外，拉斯金也曾经痛斥英国的风景画家没有将风景画所具有的揭示事物本质以及教化大众的潜能激发出来。在《拙劣的老一辈大师们》一文中拉斯金愤然写道："我认为风景画家们做出的成就有理由被看成是毫无价值的，他们的任何作品都没有提供道德方面的答案，也没有持久的良好效果……风景画从未给我们任何深刻的或神圣的教诲；它不曾记录那些正在消逝的事物，揭示那些隐藏的事物，或是解析那些含糊的事物；它从未让我们感受到奇迹、威力和壮丽……我不得不遗憾地承认，迄今为止，颇孚众望的名家所画的风景画，未能在民族的心灵中激发起神圣的思想，它自始至终只是显示了个人的聪明技巧和对某种体系的因袭。它在尘世夸耀了罗兰和萨尔瓦多的荣誉，却从来不去追寻上苍的光荣。"[②]拉斯金的话已经清晰地表达了他对艺术的理解，如果画家仅仅是以表达自然物象或炫耀绘画技巧为目的，却无思想上的教化或启发，那么这幅画就是无价值的。

拉斯金将道德作为艺术作品的组成部分，但道德是如何深入绘画？又是如何与美实现平衡的呢？

前文已述，拉斯金在定义"典型美"时共分列了六种类型，按照其性质可分为"对称""纯洁""适度"与"无限""整体""静谧"两组。前后两组在描述对象方面存在明显差异。前者带有明显的价值与道德判断倾向，如"对称"

---

① John Ruskin. "A joy for ever"，The Two Paths [M]. George Allen & Sons, 1907：268.

② 迟轲. 西方美术理论文选：古希腊到20世纪 [M]. 南京：江苏教育出版社，2005：322.

被拉斯金称为神圣的"公正",存在于绝大多数美的自然事物中(这里仅指视觉上的均称与平衡);而对于"纯洁",拉斯金则称其为神圣的"活力",并将其与人类对于"光明"及其相关特质(本能地联想到光滑、透明、洁白等)相结合。与之相应,人们对于纯洁的向往也展示出人们对其反面"堕落与黑暗"的厌恶;最后,拉斯金认为"适度"是所有美的属性中最为重要的一种,是其他五种属性的保障。因为在缺乏其他美的属性的情况下,适度原则自身就可以获得一定程度的美。如果缺少了适度原则,则无论是形体抑或颜色都会破坏整体的美感。因为人们对于美的追求是无限度的,常常会使我们陷入对于美的过度追求中,即使是再漂亮的颜色如果不能保持节制(Chastening)也不会带给人以美感。因而,从这个意义上讲"适度"是一种节制欲望、符合法则从而实现美的必要条件。只有在适度的掌控下,颜色、形体、声音,以及人类自身的行为才能符合德行的要求,才能带来美的感受。

　　同样,在拉斯金定义另一种"美"的范式,即"活力美"(Vital Beauty)[①]时具有更加明显的道德意味。在《现代画家》第二卷中,拉斯金将"活力美"解释为:"有生事物其功能的恰当实现",即"具有生命之物在符合其功能情况下的外部形象显现"[②]。拉斯金认为,在所有有机造物中,每一个处于完美状态的生命都会展现出某种幸福的表象或证据,其本性、欲望、生存方式、居住和死亡都符合某种道德原则。拉斯金以寒冷雪山上花朵为例,指出随风摇摆的花朵在唤醒我们同情之心时,也唤起了我们对其顽强生命力的赞叹与崇敬。因此,无论是典型美还是活力美都应符合道德的约束以及自然的法则。

　　另一方面,对于美的体验也对观者自身提出了要求。作为主体的人在欣赏客体对象的过程中应具备健全的心智、清晰的思路以及敏锐的视觉,从而发现美的存在。正如拉斯金所强调的,尽管这花朵看上去没有感觉和意识,但它却

---

① 也有学者将"Vital beauty"译为"生命美",这里作者参考拉斯金在《建筑的七盏明灯》中将"Life"表达为"生命"的概念,认为将"Vital"译为"活力"更为合适。另外,"Vital"在《现代画家》中更多地与"Typical"(典型美)一词形成对照,更深刻地说明拉斯金对于两种美之理念的理解,即"抽象的形式美"对应"生命的活力美"。此外,在《现代画家》中拉斯金将"活力美"细分为三种不同类型:"相对活力美"(Relative Vital beauty)、一般活力美(Generic Vital Beauty)、人的活力美(Vital Beauty in Man)。

② Ruskin J, Cook E. T, Wedderburn A. The Works of John Ruskin: Modern Painters Volume 1 [M]. Longmans, Green and Co, 1903:147.

唤起了我们的同情，展示了道德和成功。所有这些如果不是我们用深情去感受，以崇拜的目光去凝视，它就不会被观察到。因而，美的感悟也要求观者具有心怀善意的仁慈（Charity）和道德的公正（Justice）。虽然仁慈与正义本身不是美的，但它是体验美的基础。[①]

2．建筑道德的展现

对于美的道德释义同样适用于建筑。在建筑七灯的"美之灯"一章中，拉斯金提出了一项普适法则：凡是以积极而忙碌生活所需要的事物，都不应加以装饰，而是应在休息的地方进行；相同道理，凡是禁止休息的地方，美也应该被禁止。因而，千万别把装饰与正事相混淆，就如同把玩乐与正事混为一谈一样。[②]这一原则具有鲜明的理性主义与功能主义特征，与奥地利的现代主义建筑先驱阿道夫·路斯（Adolf Loos，1870～1933）提出的"装饰即罪恶"仅一步之遥。如果一个事物不具备其应担负的基本责任，那么其存在的必要性将会受到质疑，或者说事物所具有的特殊功用正是其存在的根本原因，是其合乎道德的体现。

拉斯金认为好的艺术的评价要看它"是否真正地符合真实，以及是否真正地适用"[③]。我们既不要使用金子去装饰犁铧，也不要在打谷的链枷上雕花。简而言之，拉斯金认为，装饰应符合其附着对象的功用。既没有必要在摆满商品的货架上使用繁复的角线，也没有必要在战场上使用镶嵌了贵重宝石剑去搏斗。它既不会衬托其装饰物的价值，也无法展现使用者自身的品位。这些装饰物无法为其装饰的对象提供更多的价值，其存在也无法使人获得愉悦的力量，

---

① 拉斯金对于美的描述与古希腊哲学家亚里士多德有共同之处，亚里士多德也认为"美是由于其自身而为人们所向往并且值得赞扬的事物，或是善并因此而令人愉悦的事物"。此外，中世纪基督教哲学大师托马斯·阿奎那在论述"美与善"时也进行过类似表述："美和善是同一的，它们的差异是外在的。善是所有人追求的，由此可见，善在于满足欲望，但它是通过所见或所知来实现的。"因此，与美联系最密切的感官是视觉和听觉，它们最具有认知性质，服膺于理性；所以我们总是说美的景象，而不说美的味道和美的气息。这说明，与善相比，美增加了与认知能力的联系，善指的是单纯满足欲望的东西，而美则是在理解中能使人愉悦的事物。具体论述参见：刘须明. 罗斯金艺术美学思想研究 [M]. 南京：东南大学出版社，2010：81.

② Ruskin J, Cook E. T, Wedderburn A. The Works of John Ruskin: The Seven Lamps of Architecture [M]. Longmans, Green and Co, 1903：157.

③ Ruskin J, Cook E. T, Wedderburn A. The Works of John Ruskin: The Seven Lamps of Architecture [M]. Longmans, Green and Co, 1903：258.

反而因自身不恰当的存在而显得庸俗。即使这些装饰物花费了高额投入，但如果不使用在恰当的地方，还不如诚实地选用符合身份或者朴素简洁的材料以展现物品本身的特质。那些过度性的装饰"既不能反映我们民族的诚实，也不能反映我们应持有的谨慎态度"。与其把金钱用于不恰当的装饰上，还不如用来支付高质量的建筑材料，或者给勤劳能干的工匠提高薪金，以便让建筑结构更加牢固，让墙体更加坚实。

在建筑道德的展现方面，尽管"艺术"与"技术"是表现建筑的两个方向，但"真实"与"功用"是建筑存在的基础。如同艺术家或许允许自己的作品笨拙甚至丑陋，但绝不允许作品虚假和无用。艺术具有教化大众的责任，欺骗和虚假将直接导致艺术的退化和堕落。[1]拉斯金声称"艺术从来不会因其艺术而艺术，其存在是因为它是获取知识的手段，或者是获得优雅生活的媒介"[2]。因此，艺术家也要同时具有"向善之心"以及"美之表达"的双重能力，否则无论艺术家有多么熟练与高超的技巧也只能表现艺术的形式而无法表达艺术的内涵。

拉斯金所倡导的道德原则与其之前所提出的"适度"原则有着对应关系，也与康德的"合目的性"有着异曲同工之妙。在拉斯金看来，适度还代表着诚实，即使一件能够简单"讲述故事、记录事实的粗粝物，也要比没内涵的丰富之物好得多。"[3]

3. 艺术道德观的局限

拉斯金借助建筑品质的下降比喻社会道德的衰落，借助对建筑的批评展开对社会道德的批判。然而，拉斯金的早期道德观无疑在一定程度上遮蔽了他的视野，影响了他对于维多利亚时代工业发展的判断。诸如展览中心或者火车站等新型建筑类型的出现并没有得到拉斯金的认可："如果说现今世界上有任何地方剥夺了人们在思考美的时候所必须的情绪和谨慎的话，那它就是火车站。它是痛苦之庙宇，而建筑师唯一能为我们做的事就是向我们清楚地展示如何最

① Chauncey B. Tinker. Selection From the Works of John Ruskin [M]. The Riverside Press, 1908：259.

② John Ruskin, Selection From the Works of John Ruskin. Ed. Chauncey B. Tinker [M]. Cambridge, Massachusetts: The Riverside Press, 1908：259.

③ Ruskin J, Cook E. T, Wedderburn A. The Works of John Ruskin: The Seven Lamps of Architecture [M]. Longmans, Green and Co, 1903：230.

快逃离那里。"①拉斯金对于新型公共建筑的态度其实源于资本主义生产方式对传统社会生活的破坏，以及新材料与新技术在建筑中大规模应用使建筑丧失了传统教化大众的功能。

因而，拉斯金通过强调传统建筑的美德、责任以及宗教信仰来激发人们的热情。无论使用何种材料或是何种技术，人们应如崇敬上帝般认真严肃地对待建筑："一旦我们动手建造，就让我们是本于让建筑永久存续的想法而建。愿它既不是为了当前之乐，也不是仅仅为了当前之用而建。让他成为后代子孙，将会因而感谢我们的作品。并且，让我们在叠上每一块石材，放上每一片砖瓦时，可以设想，总有一日这些砖瓦会因为曾经受过我们双手触摸而晋升为神圣之物"②。写作《建筑的七盏明灯》时的拉斯金并没有意识到资本主义生产方式与工业产品会成为彻底改变世界的力量，代表着未来的发展方向。而铸铁与玻璃的应用也预示着新建筑类型的诞生，以及人类公共生活的拓展。

总体而言，拉斯金的建筑道德确实可以在一定程度上起到教化民众的目的，但如果一味地强调艺术在道德上的说教功能，则必然会对艺术自身的发展演变造成阻碍，惠斯勒及唯美主义的发展便是例证。③

3.2.5　艺术价值的内容与构成形式

在建筑的价值展现方面，拉斯金依然延续了建筑作为艺术的属性，即"建筑的艺术性在于无用之用，并将其视为一个欣赏的对象"。在《建筑的诗意》中，拉斯金概括他对建筑的希望时说道："建筑中值得引以为傲或者感到愉悦的部分不应当是仅从便利角度考虑设计；而在建筑中被赋予崇高地位的艺术

---

① Ruskin J, Cook E. T, Wedderburn A. The Works of John Ruskin: Volume 8, The Seven Lamps of Architecture [M]. Longmans, Green and Co, 1903: 159.

② （英）约翰·罗斯金. 建筑的七盏明灯 [M]. 谷意，译. 济南：山东画报出版社，2012: 300.

③ 在看待艺术的角度上，拉斯金与中国传统文人绘画中将作品的高下优劣与画家自身品德进行关联有着类似性，即"人品"与"画品"在某种程度上是对等的。如北宋文豪苏轼便认为："人貌有好丑，而君子小人之态，不可掩也；言有辨讷，而君子小人之气，不可欺也"，同时又提出"书有二拙，而君子小人之心，不可乱也。"同样，清代的朱和羹在《临池心解》中论述宋代书法名家时写到："世称宋人书，必举苏、黄、米、蔡。蔡者，谓京也。京书姿媚，何尝不可传？后人恶其为人，斥去之，而进端明于东坡、山谷、元章之列。然则士君子虽有绝艺，而立身一败，为世所羞，可不为殷鉴哉！"朱和羹认为，像蔡京这种虽有绝艺但人品不佳的书法家是不被人所看好的。相关内容参见：黄简. 历代书法论文选 [M]. 上海：书画出版社，1979: 740.

是那些必须存在的部分，它们的形式与色彩能如此愉悦我们的心灵，并使之真正从属于建筑"。①简而言之，拉斯金希望建筑摆脱纯粹的使用目的而应该具有愉悦人心的能力，"美"以及"对于美的体验"就成了建筑艺术价值的主要内容。

首先，拉斯金认为建筑的"美之愉悦"是其除物质性使用功能外所能给予人们的最为主要的内容，而建筑的"美"主要来自于有机特性的外表。在讨论哥特式建筑的装饰时拉斯金指出："色彩斑斓的马赛克构成精美的立面，充满了狂野的想象和臆想的鬼怪。"②正是通过这种排除了功利与目的性的鉴赏活动让建筑成为一种重要的艺术形式。但建筑并非与绘画一样仅仅被作为观赏的对象，建筑还要满足其最为基本的要求，即空间的可用性。那么，建筑如何在满足功用的同时实现艺术的价值呢？

拉斯金并没有直接给出明确的答案，而是在"奉献之灯"的开篇提出一个何为"建筑"（Architecture）的问题："建造之物并不仅仅因为其稳定性而成为建筑，建造教堂或者对教堂进行装饰，使之可以舒适地容纳规定数目的神职人员，并不比使马车更宽敞或者使船只更迅捷而更有权被称为建筑艺术。"③到底哪些可以被称之为"建筑"，而哪些只是普通的"房屋"（Building）呢？拉斯金接着指出："凡是建筑都必须对人的思想产生影响，而不仅仅为人体提供服务"。作为艺术的建筑应该在其所具备的功用之外还有能表达出"庄严"与"美"的特征，是一种附加在"房屋"之上的"无用之用"。例如，作为战争防御用的"石质矮墙"刚好满足一定的安全要求，那么我们可以称其为"工事"或"掩体"，但是如果在这些石质矮墙的垛子上增加一圈不必要但却有寓意的凸线或图案，它就可以称为建筑了。所以，真正决定房屋为建筑的应是那些附加于基本构筑之上的部分，或者说整个构筑物都是为了这种非功用性而存在，如为敬神而修建的庙宇或者为纪念亡灵而修建的纪念碑等。人们正是通过"奉献更多的时间、财物与劳动"赋予建筑以意义，从而形成建筑的根本原因。同

---

① Ruskin J, Cook E. T, Wedderburn A. The Works of John Ruskin: Poems [M]. Longmans, Green and Co, 1903：105.

② Ruskin J, Cook E. T, Wedderburn A. The Works of John Ruskin: The Seven Lamps of Architecture [M]. Longmans, Green and Co, 1903：53.

③ （英）约翰·罗斯金. 建筑的七盏明灯 [M]. 张璘，译. 济南：山东画报出版社，2006：1.

时，拉斯金也指出，这种将在建筑上投入精力、物力与财力做法并不是在倡导一种奢靡，"我并不希望每个村庄都建造一座大理石的教堂，而是希望人们用建造大理石教堂的精神去建造。教堂不需要看得见的辉煌，简朴的乡村教堂一样可以值得称颂。"①

其次，前文已述，拉斯金将美的形式分为"典型美"与"活力美"，并将建筑纳入"活力美"的评价范畴中。建筑作为一种艺术形式是通过人的不断创造与建构完成的，自然界中并不存在天然的直线或者规则的几何形，我们无法通过模仿自然界的事物而获得，因此建筑是人们心智设计的产物。但附着于建筑之上的铭文与图案雕刻则是人们对于自然事物中所蕴含的优美曲线的模仿。如果两者相比较，那么作为主体的建筑美的层次要低于装饰美的层次，因为自然界中"一切完美的形状必须由曲线组成"。②拉斯金就此断言："具有建筑装饰的才是真正的建筑"，装饰必须是精心模仿或暗示自然界中常见形状的排列。但即使模仿自然主题的装饰其本身也具有不同的层次，模仿对象越高级其装饰也就越壮观，从石头、花朵、动物到最高级的人，形成了一个不断提升的美的层次。③

那么，装饰如何符合美的法则呢? 拉斯金列举了以下几种规则：首先，"在借用自然形象时，应该尽可能把它们置于适当的位置，并且能够让人联想到其源于何处。"④因而，建筑不能直接模仿自然，如同不能在柱子上直接雕刻植物藤蔓一样，而是应当在结构的连接处做出些许暗示即可，希腊的科林斯柱头便是完美案例（图3-22）。同时，哥特式建筑中的火焰形窗花雕刻也是对于植物根茎攀爬生长的生动模仿（图3-23）。正是这些符合自然之形态的外观与装饰给予了观者最为直接的"愉悦"。尤其当优美的自然曲线与表现建筑力量的笔直线条进行恰当组合时，建筑就达到了最美的状态。同时，也成了艺术价值最为突出的体现。

---

① （英）约翰·罗斯金. 建筑的七盏明灯［M］. 张璘，译. 济南：山东画报出版社，2006：11.

② Ruskin J, Cook E. T, Wedderburn A. The Works of John Ruskin: The Seven Lamps of Architecture［M］. Longmans, Green and Co, 1903：145.

③ 与我们当下看待"现代主义"的审美方式不同，拉斯金对于建筑装饰的定义是基于前现代建筑的标准做出的。无论是在古典时代、中世纪、文艺复兴或者19世纪初，"壁画"与"雕塑"对于建筑来说都是其重要组成部分。

④ Ruskin J, Cook E. T, Wedderburn A. The Works of John Ruskin: The Seven Lamps of Architecture［M］. Longmans, Green and Co, 1903：151.

图3-22　拉斯金绘制的哥特式建筑细节手稿1

（图片来源：Ruskin J, Cook E. T, Wedderburn A. The Works of John Ruskin: The Seven Lamps of Architecture［M］. Longmans, Green and Co, 1903: 139.）

图3-23　拉斯金绘制的哥特式建筑细节手稿2

（图片来源：Ruskin J, Cook E. T, Wedderburn A. The Works of John Ruskin: The Seven Lamps of Architecture［M］. Longmans, Green and Co, 1903: 212.）

再者，美也与"比例"密切相关，不同事物的组合必然需要某一个要素要大于其他要素或者某种形式要凌驾于其他形式之上，并形成一种主从关系。此外，色彩也是展示美的一种途径，拉斯金指出："**凡是为了色彩本身的缘故而优美的形状，这种设计都是野蛮的**"①，色彩要么顺从于建筑结构，要么顺从于雕塑形式。此外，装饰物不应表现自身，而是其存在应揭示或阐释更高层次的真理。如衣服的褶皱作为建筑中高尚装饰主题人物雕塑的一部分有着重要的意义，因而在一定程度上褶皱应是表现其背后真理的一种方式，真与美在一定情况下是重合的，衣服的褶皱应该表现出重力的存在，而不是表现和夸张的身体姿态。比方修道士的粗布衣服应该展示出所应该有的重力而不是被风吹起，海上行船鼓起的风帆没有褶皱而是一条坚挺的弧线，那么它暗示的是风之力量的存在。相反，如若衣服的褶皱仅仅是表现自身则无疑是卑劣的。

简而言之，建筑的艺术价值源于力与美的恰当组合，以及结构、形式与材料的真实呈现。由此来看，哥特式建筑则要比文艺复兴时期的新古典建筑更具艺术价值。

3.3　岁月价值的内涵建构：生命与美

"生命"被拉斯金释义为美的源泉，以及艺术所应表现的对象："**凡是与'美'有关的重要特质，无不有赖于能否表现出自然事物所蕴含的能量；或者是能否成功做到将本质即属被动、顺受、缺乏力度与力道之事物，置于这种生命能量的驱使、宰制之下。**"②同时，"生命"在某种程度上也可以成评价艺术作品的一种参照。即当我们面对某些在质地、用途或外在形貌等方面具有相似性但又无法确定哪些更为优秀的事物时，其"生命力所能呈现的完整程度"就可以作为判断的标准从而分辨出它们的尊卑高下。

---

① Ruskin J, Cook E. T, Wedderburn A. The Works of John Ruskin: The Seven Lamps of Architecture [M]. Longmans, Green and Co, 1903：180.

② Ruskin J, Cook E. T, Wedderburn A. The Works of John Ruskin: The Seven Lamps of Architecture [M]. Longmans, Green and Co, 1903：190.

3.3.1　生命的真实表达

随着第一次工业革命的发展，技术开始换代升级，人们越来越多地借助于机器进行日用产品的制造。然而，在拉斯金与威廉·莫里斯发起"工艺美术运动"之前，英国的大部分工业产品依然制作粗糙且质量低下。与此相似，19世纪上半叶的英国建筑也受到工业化的影响，大量价格低廉且施工迅速的铸铁构件被用于建筑中，原有清晰、真实的砖石结构体系开始变得混杂，建筑的装饰也变得虚假与庸俗，一种材料模仿另一种材料的情况时有发生。面对上述情况，拉斯金将其视为严重的欺诈行为，同时强调建筑将因这种欺骗而变得卑鄙，并丧失生命力。

然而，建筑作为非有机生物体如何成为"有生之物"呢？拉斯金认为：建筑的生命是通过人类最具创造力的大脑以及双手的劳作而赋予的。从本质上来说，建筑是没有生命气息的，建筑带给人的"最高层次的尊严"和"令人愉悦的心情"其实源于建筑在建造过程中人的智力与生命的转化。因此，建筑可以被理解为人类智慧与生命的一种延展，人类可以创造性地为自然界的平凡事物赋予精神与意义，从而使其获得生命。

拉斯金认为，事物的高尚或卑鄙程度与生命的圆满程度，以及施加于物体上的脑力成正比。[1]中世纪的工匠正是通过诚实的建造、对自然之物的艺术表达，以及虔诚的奉献从而赋予了建筑以精神，并实现了生命力的转移。这里的生命不仅指建筑的生命，同时还指建造者的生命，正是在建造的过程中，生命的内质得以转移，是建造者运用智慧与双手孕育了建筑的生命。[2]这种生命的

---

[1]　（英）约翰·罗斯金. 建筑的七盏明灯［M］. 张璘，译. 济南：山东画报出版社，2006：130.

[2]　这里可以将拉斯金所说的生命转移与卡尔·马克思的异化理论做一个比较。作为同时代的思想家，马克思在《1844年经济学哲学手稿》中指出："在资本主义商品生产中，工人同自己的劳动产品的关系就是同一个异己的对象的关系。工人在劳动中耗费的力量越多，他创造出来反对自身的力量就越大，他本身的内部世界就越贫乏，属于他的东西就越少。宗教方面的情况也是如此。人奉献给上帝的越多，他留给自身的就越少。工人把自己的生命投入对象；但现在这个生命已不再属于他而属于对象。"在论述价值转移方面马克思与拉斯金有着相似之处，马克思强调的是，工人作为生产资料并通过劳动将自身价值向商品进行转移，工人生产越多，因而身体越贫；拉斯金则强调，古代工匠通过劳动（建造）将自己的智慧（精神）向建筑转移，工匠建造越多，身心越圆满，建筑越具有生命力。按马克思的理论，中世纪的工匠与资本主义的工人存在着本质区别。中世纪的工匠通过劳动可以成为完善的人（人需要劳动，劳动成就人），而资本主义的工人则只能在生产商品的过程中成为被奴役的对象。

特征便是"野性"（Savageness）的存在，正是哥特式建筑允许工匠在建造过程中进行创造性表达的结果，以及允许工匠对于空间进行自由想象才使得哥特式建筑获得了一直向上生长的动力。

尽管彼时的工匠在建造工艺上存在瑕疵或在某些结构方面存在安全隐患，但并不妨碍其伟大，甚至正是因为这些缺点的存在才成就了建筑的独特性。比如拉斯金在对意大利的比萨大教堂进行测绘与研究后发现教堂的细部并不是整齐划一，而是存在着许多微差。这种微差非但没有影响这座教堂的庄严与伟大，反而恰恰证明它是工匠生命与智慧的结晶。与此相比，工业化与流水线的机械生产则要求工人必须按照一种固定的模式不断重复制造某个零件，其标准化的生产方式只会扼杀工人的创造性。因此，从生命力与艺术性的角度来讲，拉斯金认为资本主义工业生产模式下建造出来的建筑只能成为虚假的、粗俗的、无用的东西。①

生命也表现为一种人类对于创造的渴望，拉斯金在分析哥特式建筑的本质时指出，"自然主义"（Naturalism）是其最为重要的一个特征，"自然"意味着对于植物"构成形态"（Forms of Vegetation）的喜爱与大量使用。工匠通过"*对自然本身的热爱，力图率真地再现自然本身，从而摆脱技巧与法则的束缚。*"并借由工匠的热情激发他们的创造性，"*一旦让工匠自由地表现主题，他就会放眼周围的自然，努力以他的技艺，在一定程度上精确地表现自然*"。②这种对于自然的表现不在于功能的简单还是复杂，目的是实用还是纪念，形体是奇形怪状还是遵循传统。同时，这种创造的欲望也是人类追求真理的努力，即"*哪里开始追求真理，哪里就有生命开始；而对真理的追求一旦停止，艺术的生命亦随之消失*"。③

在建筑获得生命力的基础上，拉斯金强调建筑还应具有"活力"与"生气"。通过对意大利中世纪建筑的比例、形式、结构以及风格的分析，拉斯金

---

① John Ruskin. The Nature of Gothic [M]. Selected Writings,Ed.Dinah Birch, Oxford University Press,2009：241.

② John Ruskin. The Nature of Gothic [M]. Selected Writings,Ed.Dinah Birch, Oxford University Press,2009：57.

③ （英）约翰·罗斯金. 艺术十讲 [M]. 张翔，张改华，郭洪涛，译. 北京：人民大学出版社，2008：236.

认为建筑的活力在于建筑构件的组合与调配。即通过设计上的变化来调和建筑规则上的要求，就如同生物对自身结构所做出的平衡与适应。在《哥特的本质》中他写道："无论尖拱抑或拱面、飞扶壁、奇异的雕塑都统统不足以构成哥特。然而，当这一切组合在一起时就有了生命。"①所有这一切都源于工匠的思考与勤劳之手，而非毫无个性与差异的机械生产。其实不只是建筑，一切优秀的作品必是手工作品。

那么，如何让建筑凸显"生命气息"呢？拉斯金以伦巴第人的建筑为例，在他们略显幼稚和粗糙的建筑中，拉斯金感到有某种更加深刻的东西存在。比如，伦巴第人会使用一些从老建筑上拆卸下的构件进行新建筑的建造，起初或许显得很不协调，但在建造完成后却显示出一种整体性的和谐。那些被借用来的构件在组成新建筑后都具有了新的使命，并构成新建筑生命体的一部分。同样，对于模仿，拉斯金认为只要建造者内心具有对他所采用的任何东西加以改变的力量就不用担心人们对于抄袭的指责，设计师也要保持对生命力的崇高追求，而不是依赖于风格性的装饰和对既有的遵守。

3.3.2　生命的衰败之美

拉斯金对于死亡与生命有着独特的理解，在他看来二者是一种辩证关系。即应该通过一种符合伦理道德的态度来看待生命的存在是否合理或是否有其价值，从而重视生命的意义。

在对生命的阐释中，拉斯金将建筑与同时代的人进行比较，并指出人类存在着一种双重性格，具有这种性格之人的生命呈现为"亦真亦假"的状态。例如，他们会把周围的一切都变为物或者工具，在聆听智慧的箴言时尽管会表现得毕恭毕敬，但转身便将其抛之脑后，仍以个人利益作为服从或背叛的标准。这种生命还表现在对事物的言不由衷，以及对美好事物的冷漠。尽管他们的物理生命还活着，其精神却已处于死亡状态。拉斯金认为，维多利亚时代的建筑也存在着与此相似的问题："很多人认为近年来建筑领域中的一项充满前景与

---

① Ruskin J, Cook E. T, Wedderburn A. The Works of John Ruskin: The Stone of Venice and Examples of The Architecture of Venice[M]. Longmans, Green and Co, 1903：182.

希望的演变正占据我们的目标，成为我们关注的对象。而在我看来，我相信它同时也有一种病态特征。虽然我还无法分辨这到底是种子在萌芽，还是枯骨在晃动。但是请大家记住，只有精神与活力才是影响我们认定或判断优秀的原则，以及赋予它价值与快乐。"[1]这种对于生命的理解源于青年时代的拉斯金游历大陆与英国自然景观的经历。正如拉斯金在《现代画家》中所说："所有真正的思想都是鲜活的"一样[2]，他已经将生命视为滋养他者进而带来改变的动力，也为自己的浪漫主义情怀奠定了基础。

相较于人类短暂的生命，建筑的存在可以更加长久。一直以来，人们不断将自身的意志投射到建筑中，希望通过坚固宏伟的构筑物来宣示诸神的法力与帝王的权威，通过建筑的形式风格来传达人类的意愿与美好理想。同时，人们也愿意为那些古老的建筑投入金钱与智慧，修复那些损坏的伟大宫殿，重建已经沦为废墟的高塔残垣，粉饰斑驳脱落的外墙油漆，以期它可以永葆青春并持久地屹立于天地之间。

然而，拉斯金对于生命的认知却恰恰相反，世间万物都有其共同的规律，即生命自诞生之日起便开始朝着死亡的方向飞奔，并最终消逝于无形。尽管建筑比人类具有更为长久的存在能力，但同样会在将来的某天崩塌，并化为灰尘。建筑从建成至坍塌的过程如同人从出生至死亡的过程，都属于自然规律的显现。拉斯金强调："我们根本不可能让死人转世，不可能让建筑中曾经的美丽或是伟大复原。我所强调的，就是把生命作为一个整体，还有那些工匠们用眼睛和双手赋予建筑的精神，是不可能被重现的。不同的时代只能给予不同的精神，也就是说，我们给的，只是一个新的建筑，但是死去的工匠的精神是不会被呼唤回来的，并且不会受着我们这个时代的手和思想所指挥"[3]。

既然我们无法违背这一规律，那么我们便可以转而正视，并欣赏建筑的衰败过程。其实，残损与痕迹并非无用之物，甚至死亡本身也是生命存在的证

---

[1] Ruskin J, Cook E. T, Wedderburn A. The Works of John Ruskin: The Seven Lamps of Architecture [M]. Longmans, Green and Co, 1903: 194.

[2] Ruskin J, Cook E. T, Wedderburn A. The Works of John Ruskin: Modern Painters Volume 1 [M]. Longmans, Green and Co, 1903: 9.

[3] Ruskin J, Cook E. T, Wedderburn A. The Works of John Ruskin: Modern Painters Volume 1 [M]. Longmans, Green and Co, 1903: 109.

图3-24　尼古拉斯·普桑（Nicolas Poussin），死神在阿卡迪亚（Et in Arcadia Ego），1637～1639年绘

（图片来源：http://data.shoucang.hexun.com/article.aspx?articleid=1477）

明。正是在时间的绵延与生命的消逝过程中人类才能积累经验，认识自我。因而，当我们转变观念，重新看待废墟时便会发现其中所蕴含的另一种审美价值。正如拉斯金在《建筑的诗意》中所描述的："柏树适合意大利的风景，因为意大利是一个坟墓之邦，空气中充满死亡气息——她活在过去。在过去她是如此的辉煌，在死亡里显得美丽动人。她的人民，她的国家，都是死的；她的无上荣光即在于长眠。"[①]这种对于衰败、残缺与死亡的独特审美在东西方的文化中都有所体现，只是对这一主题的赞颂不会直接展露出来，而是常常通过借助某种绘画题材（一种美的外壳）进行表达。

17世纪法国伟大的风景画家尼古拉斯·普桑（Nicolas Poussin）在其名为"死神在阿卡迪亚"的作品（图3-24）中对这一主题进行了描绘。四位希腊装束的牧人围绕在一座古老的墓碑前，其中一位中年浓须牧人正单膝跪下仔细辨别墓

---

① Ruskin J, Cook E. T, Wedderburn A. The Works of John Ruskin: Early Prose Writing [M]. Longmans, Green and Co, 1903：42.

墙上的一段铭文 "Et in Arcadia Ego"（中文即"我也在阿卡迪亚"，"我"即"死神"）。墓碑旁的两位年轻牧人，看到上面的文字，面露惊恐，但旁边的年轻女子却依然从容。在画面处理上，明净湛蓝的天空与凝重灰暗的坟墓，以及表情忧虑的男子与心绪坦然的女子都形成了强烈的对比。普桑运用高超的隐喻手法将生者与死神、过去与现在、恐慌与从容统一在画面中，而整体却又都笼罩在宁静祥和的氛围中。普桑的画具有强大的感染力，并隐含着一种崇高精神。这种精神一方面源于建筑古迹与人物装束所营造的遥远历史感；另一方面则源于对生命与死亡的表达（唯有超越对于死亡的恐惧才能达到精神上的宁静）。

3.3.3 如画审美的形成

尽管感受"美"是人最为普通和基本的能力，如同人们从玫瑰的芬芳中本能而又必然地获得感官上的愉悦一样。[1]然而，实际上人们对自然界中的美往往视而不见："除非人类的思想特别地关注某个自然景物，否则这些景物将在我们眼前一闪而过，不会在大脑里留下任何印象，不仅是没有留意，而是直接就没有看到。"[2]

这种视而不见的原因，一方面在于感知主体存在着不同的"品位"与"判断"；另一方面，美也存在着"类型"与"等级"。因而，人对外部世界美的感知需要依赖某种价值或道德上的判断：我把那种对快乐的动物式的体验称为"感知"（Aesthesis），而把那种对美的令人欣喜的、尊敬的、附带感激之情的感知称为"观照"（Theoria）。因为，只有观照才能为上帝所给予的美带来最好的理解和沉思。[3]然而，感知美易，观照美难。即使我们具备了一定修养及理解美的能力，有时我们依然需要借助某些观察手段，才能获得高级的审美体验。而"克劳德镜"（Claude Glass，图3-25、图3-26）的产生就为我们提供了

---

[1] 在《现代画家》第一卷中，拉斯金将对"美"的感受定义为：如果我们通过对事物外观特点的简单思考而获得快乐，而这种快乐不带有任何直接而确切的智慧成分，那么在某种意义上或某种程度上讲，具有这种特点的任何事物都是美丽的。原文参见：Ruskin J, Cook E. T, Wedderburn A. The Works of John Ruskin: Modern Painters Volume 1 [M]. Longmans, Green and Co, 1903：109.

[2] Ruskin J, Cook E. T, Wedderburn A. The Works of John Ruskin: Modern Painters Volume 1 [M]. Longmans, Green and Co, 1903：47.

[3] 刘须明. 约翰·罗斯金与唯美主义艺术 [J]. 文艺争鸣，2010（16）：70–74.

图3-25　克劳德之镜（Claude Glass）
（图片来源：https://www.sohu.com/a/244446156_100014531）

图3-26　托马斯·盖恩斯巴勒（Thomas Gainsborough）的艺术家与克劳德之镜，1750年绘

（图片来源：http://lucyvivante.net/2009/10/20/drawings-and-optical-tools/）

一种辅助观察自然的手段。

　　克劳德镜以17世纪法国风景画家克劳德·洛兰（Claude Lorrain）的名字命名，这是一种直径4英寸粘贴了深色银箔的平凸镜，因镜面有时呈现棕色或暗褐色，因而也被称为"黑镜"（Black Mirror）。因其常被画家或旅行家用来寻找或观察自然中的景物而流行于18世纪的英国，观察的地点则主要集中在自然风景秀丽且有古老建筑或已沦为废墟的教堂与古堡周边（图3-27）。在使用克劳德之镜时，人们要背对景物并从镜面的反射中观看对象，暗色的镜面会过滤掉自然景致中的亮色，并在整体上形成一种怀旧风格。克劳德镜为人们提供了一种类似于观赏洛兰风景画的视觉效果（图3-28），而克劳德镜的流行也反

图3-27　现代景观中的克劳德之镜，2011年摄

（图片来源：http://also.kottke.org/misc/images/claude-glass.jpg）

图3-28　克洛德·洛兰（Claude Lorrain）的罗马广场（Campo Vaccino），1636年绘

（图片来源：https://www.artble.com/artists/claude_lorrain）

映出这一时期人们的审美喜好，即"如画美"（Picturesque）。

　　或许，拉斯金会不屑于借助克劳德之镜作为观察自然的手段，它会妨碍鉴赏者与鉴赏对象之间的直观联系，且有失"真实"之嫌。但克劳德之镜的流行却显示了维多利亚时代人对于如画景观的品好。美国宾夕法尼亚大学景观历史与理论教授约翰·迪克逊·亨特（John Dixon Hunt）在其文章中也认为，尽管并没有找到拉斯金在旅行中使用克劳德之镜的证据，但拉斯金用自然湖泊作为镜子来达到类似的观察效果。①如在《建筑的诗意》中，拉斯金描述了自己在欣赏威斯特摩兰郡一小片水域时的心理感受：

　　当一条小溪静静地流过山谷或峭壁，它的美主要来自清澈和幽静。它有限的水流不会给人以庄严感，只有宁静之美和深刻的感觉。这样一来，建筑就不能吸引太多的目光，而要把他引向脚下的那片仙境，因为那里更美丽，而且面对无穷无尽又遥不可及的佳境。屋子的边缘必须在视线之外，把目光引向倒影，好像它被迷雾所笼罩，最终融化在了深不可测的蓝天里。（如果水底倒映不出天空，那水一定很黑，清澈的话反而更吓人。）现在岸边白色物体的倒影

---

① 亨特认为拉斯金长期借用如画美学思想用以分析体验现实风景与品读风景画作，同时如画美学直接影响了《现代画家》与《建筑的七盏明灯》的写作。同时，亨特也认为"如画美学"是拉斯金审美的主要方式，并体现在对废墟的想象、18世纪兴起的反对"诗如画"传统的思潮中以崭新的方式组合言辞与图像，以及使用镜子。原文参见：约翰·迪克逊·亨特. 诗如画，如画与约翰·拉斯金[J]. 潘玥，薛天，江嘉玮译. 时代建筑. 2017（6）：74–81.

只会煞风景，因为它就像是盔甲上的一道光，只见表面，不见深度：它展示了具体的方位，显露出自己的边缘，把无边美梦变成了死水微澜。所以对于水潭或池塘，深色岩壁构成的陡峭边缘，或者茂密的植物是比较理想的，甚至布满碎石的岸边也不好。这是原因之一，我们欣赏威斯特摩兰郡农舍的色彩是出于相同的原因，他的倒影不会打破水面的宁静。①

拉斯金细致地刻画了天空、山谷、峭壁、建筑与植物在深色水面的映衬下产生的心理感受。水面是构成上述优美风景的关键因素，其镜面反射在一定程度上中和了视觉中的不利因素。在另一段景观体验的叙述中，拉斯金进一步说明了水面在整合景观体验中的作用：

一眼可以望见一二十英里的大片水域，后者（湖）边界的主要色彩是蓝色，……白色的倒影在这里格外有价值，体现了宽度、亮度和透明度，并且构成了很有力的补偿，如果其他方面的缺点需要予以补偿的话。别墅灰白色调的倒影，由于其不小的规模和引人注目的特征，会有一定的影响力，在建造的时候就应该考虑到，特别是在当地无风气候的影响下，湖面一天里大部分时间都很平静。实际上，没有什么能比明澈湖水的倒影中，深蓝的远山下建筑物明亮的轮廓和深色柏树的混合更美了，曾有人恰当地形容说："白色的村庄，安睡在碧蓝的怀抱中。"斜看过去也很美，一座接一座的村庄，无论是倒映在狭窄宁静的湖面上，还是映射到远处的山坳里，景色都无出其右。②

同样的观察与描写自然景致的方法也体现在《威尼斯之石》中。对此，亨特在分析建筑物与环境的关系时进一步指出："拉斯金和莱普顿都从整体上强调了风景对智性的吸引力，尤其对思维关于建筑与周围风景、建筑位置与建筑装饰之间适当关系的判断所产生的吸引力"。③

拉斯金钟情自然风景，一方面源于早年游历欧洲大陆期间的亲身体验；另一方面，则是因为受到英国风景画家威廉·透纳(William Turner，1775～1851)的影响。作为19世纪英国最为重要的风景画家，透纳与约翰·康斯泰勃尔

① （英）约翰·罗斯金. 建筑的诗意[M]，王如月，译. 济南：山东画报出版社，2014：74-75.
② （英）约翰·罗斯金. 建筑的诗意[M]，王如月，译. 济南：山东画报出版社，2014：76.
③ 约翰·迪克逊·亨特，潘玥，薛天，等. 诗如画，如画与约翰·拉斯金［J］. 时代建筑，2017，158（6）：74-81.

（John Constable，1776~1837）摆脱了欧洲大陆（特别是法国）风景画的影响，开创了英国独立的发展道路。在风景画的创作技巧上，透纳摸索出一套描绘光与空气微妙关系的方法；在主题表达上，则结合浪漫主义情感色彩从而营造出一种撼人心魄的力量。观者通过透纳的画可以分别感受到一种跨越时空的历史感（图3-29）、一种藏于自然的恐惧感（图3-30），以及一种战场归来的悲壮感（图3-31）。正是大陆游历以及为透纳和拉斐尔前派的辩护中，拉斯金完成了对于"如画美学"的理解。

就"如画"的含义而言，作家兼版画家威廉·吉尔平（William Gilpin，1724~1804）是英国最早定义与阐释"如画"概念的人，在1768年《版画论》（*An Essay on Prints*）中，吉尔平将"Picturesque"定义为"一种令人愉悦的图画之美"（图3-32）。①吉尔平的"如画"概念修正了伯克将"优美"与"崇高"对立的观点，将由规律、平滑、秩序所产生的"优美"与由巨大、广阔所创造的"崇高"重新调和在一起，从而在"自然与艺术"之间建立一种正向联系。②吉尔平声称，"如画"景观有两个主要特质："壮丽的"和"田园的"，二者在许多方面分别等同于"崇高"和"优美"。然而，"优美"和"崇高"其实很少在纯然状态中被发现，他们在正常状态下往往是混合在一起的。"壮丽的"（崇高）常被认为高于"田园的"（优美），其原因在于后者尽管"宜人"，但也包含了乡村中的"卑贱粗俗"。但这种"粗俗"在画面中具有重要作用，甚至是"美与如画之间的本质区别"。吉尔平认为"如画是优美的一种，但又在一定程度上表现出崇高的粗糙和不规则性"。③

与吉尔平的观点有所不同，在"记忆之灯"中，拉斯金对"如画"进行了再次定义，并将其释义为一种"攀附而来的崇高（Parasitical Sublimity）"④。拉

---

① "Picturesque"一词首次出现是在1755年的《英文辞典》中，作为"Graphically"一词的释义，即以如画的方式进行精美描述或描绘。1801年，在乔治·梅森（George Mason）对《英文辞典》进行增补时才正式增加"如画"词条，并将其定义为"悦目的、奇特的、以画的力量激发想象，被表现在绘画中，为风景画提供一种题材，适合于从中析取出风景画的"。参见：李秋实. "如画"作为一种新的美学发现［J］. 东方艺术，2012，249（5）：130–135.

② 吉尔平认为，尽管优美和崇高均出自自然，但实际上他们很少在纯粹状态下发挥作用。伯克将平滑与优美相联系，将粗糙与崇高相联系，并在二者之间进行对比，从而将优美和崇高完全对立了起来。

③ 李秋实. "如画"作为一种新的美学发现［J］. 东方艺术，2012，249（5）：132.

④ John Ruskin. The Seven Lamps of Architecture［M］. John W. Lovell Company, 1885：179.

图3-29 威廉·透纳的狄多建设迦太基（Dido Building Carthage），1815年绘
（图片来源：http://www.budarts.com/art/b8f9f95ea8c111e69b1300163e005d08）

图3-30 威廉·透纳的维苏威火山爆发（Mount Vesuvius in Eruption），1817年绘
（图片来源：http://www.budarts.com/art/b8f9f95ea8c111e69b1300163e005d08）

图3-31 威廉·透纳的战舰特米雷勒号的最后一次归航(The Fighting Temeraire Tugged to Her Last Berth to be Broken Up)，1838年绘

（图片来源：http://www.budarts.com/art/b8f9f95ea8c111e69b1300163e005d08）

图3-32 威廉·吉尔平绘，塞缪尔·艾尔肯（samuel Alken）制版风景画，1794年绘

（图片来源：https://www.royalacademy.org.uk/art-artists/work-of-art/landscape-1)

斯金认为，所有的崇高性都具有"如画"之特质，而"如画"也都具有崇高之内涵，凡能够予人以崇高之感者，均有"如画"之气质。当一幅画中的线条、阴影或效果特征与崇高相结合，所表达出的岩石高山、狂风卷云，或者汹涌波涛才能如临其境，撼人心魄。

　　一般说来，所有具备美与崇高特质的事物均适合作为"如画"创作的题材，然而极致的崇高则会导致堕落。吉尔平认为，我们总是渴望太多的崇高，以至于排除了一切粗俗的和琐碎的事物，而那些事物正是构成如画所必不可少的内容。拉斯金也指出，"美"与"崇高"之间也存在着一定的比例关系，纯粹的美不是如画，只有混合了崇高才能具有如画的特质。高级别的美包含着崇高，但崇高却并不依赖美而存在。崇高必须是"寄生"或"攀附"于所表达的事物或形式之上，当这些绘画元素以"硬朗的线条，强烈的阴影对比，严肃、深沉或反差巨大的色彩"出现，并引导我们对那些真正存在的自然事物进行思考时"如画之美"才得以显现。因此，拉斯金的"如画"概念中不仅继承了早期意大利北方画派对于壮美自然的特质描绘，也融合了吉尔平与伯克对于崇高和优美的观点。[①]

　　然而，与绘画不同，建筑的如画美不是通过艺术家的手实现的，而是源于大自然在人类建造物上的再创作，是由时间流逝而附着于建筑之上的颓败景象。因此，废墟就成了传达如画美的重要媒介，而"破败"与"残缺"则成了如画审美的外在表征。"在废墟中，即便在最规整的建筑留下的废墟中，线条也被年久失修所柔化、被残垣断壁所打断；跃跃欲入的灌木和摇曳欲落的杂草都使原本羁直的设计显得松弛了许多……"。[②]但是我们应明白，"破败"的景象只是废墟的外在形式，而"残缺"或"不完整"所造成的想象才是真正吸引人的地方。

　　与欣赏完整的建筑不同，人们在观看废墟时，大脑会不自觉地通过想象对建筑的残缺部分进行补全，从而构建起完整的形态。后者需要投入更多的精神

[①] 崇高本身是对自然界中那些充满了野性与伟大，并使人敬畏的"宏大构思、高雅的措辞以及强烈情感"现象的一种描述。这种最初源于意大利古典时代人文景观绘画特征的描述，随着大陆游学（Grand Tour）与浪漫主义的兴起在英格兰的风景园林设计中得到了人们的广泛认可。

[②] 约翰·迪克逊·亨特，潘玥，薛天，等. 诗如画，如画与约翰·拉斯金 [J]. 时代建筑，2017，158（6）：75.

活动和智力的参与，对观者有着更高的要求。此外，废墟的景象还会引发观者
对于岁月流逝的感叹与历史的沉思，进而产生一种超越生命与死亡的崇高之
情。正如英国诗人拜伦在罗马遗迹面前的感慨："我在山中或废墟里获得的乐
趣一直都笼罩于某种敬畏和忧郁以及对死亡意义的一般感觉里"①。这种体验正
是如画审美的核心所在，即"将观者从习以为常的精确解释的桎梏中解脱出
来"②，从而进入到一种远离现实与尘世的历史图景里。

3.3.4　岁月价值的显现

古典时代，人们认为完整与圆满是最重要的审美形式，因而没有明确的对
于废墟审美的记载。但随着古典时代的终结，希腊、罗马和小亚细亚地区所遗
存的大量石质建筑在漫长的历史战争与自然消损中最终沦为废墟。当欧洲开始
步入文艺复兴，这些古典时代的废墟受到了罗马教廷的关注，教皇通过颁布
敕令的形式予以保护，并逐渐成为艺术家们的表现主题。如前文中的法国风
景画家克劳德·洛兰与尼古拉斯·普桑、意大利石版画家皮拉内西（Giovanni
Battista Piranesi，1720～1778），德国浪漫主义画家卡斯帕·大卫·弗里德里希
等。至19世纪，废墟景观已经成了英国的主流审美对象，如画美也已经成为艺
术的主要审美方式。

1. 岁月价值的两种表征形式

如画景观所引发的情感波动是一种审美体验，古旧色调烘托了历史的氛
围，而废墟古迹则引发了观者的想象，两者共同营造了如画景观的庄严与神
秘。所以，"古色"（Patina）与"废墟"（Ruins）是构成如画景观的核心元素。

作为绘画专用术语，"古色"是指画作由于时间作用而出现的深色调子，
并在一定程度上起到了润色画作的作用。古色的产生是一种自然现象，但是却

---

① Ruskin J, Cook E T, Wedderburn A. The Works of John Ruskin: Modern Painters [M]. Longmans,
　Green and Co, 1903: 365-366.
② 约翰·迪克逊·亨特，潘玥，薛天，等. 诗如画，如画与约翰·拉斯金 [J]. 时代建筑，2017, 158
　（6）: 75.

具有美学效应。英国讽刺画家威廉·贺加斯（William Hogarth，1697～1764）在其画作"时光熏染着画卷"（Time Smoking a Picture，图3-33）中对此有着创造性的解释。但人们对于这一效果的欣赏也催生了人为的作假行为，以至于18世纪的画家会对刚完成的画作进行专门的罩面处理或人工熏染。

　　对于拉斯金来说，历史遗迹的价值不在于其是否拥有精美的雕刻，而在于它们是否具有一种经"时间的金黄渲染"才显露出来的"光与色"。古色不只是一种表面的视觉状态，它不仅展现于建筑外部材料的老化上，其本身也体现在建筑的残损程度上。当新建筑在岁月流逝中变得苍老并在外表留下痕迹，或者当建筑的主体仍保持完整但细节已经模糊时，我们都可以将其视为古色的显现。拉斯金在描写卢卡的圣米歇尔教堂（San Michele at Lucca）立面时写道："半数柱子上的马赛克都脱落了，散落在长满杂草的废墟下；严寒撕裂了大量的饰面，露出疤痕累累的丑陋表层。两扇高处的星形窗户的窗轴被海风吞噬得不见踪迹，剩下的也失去比例关系；拱的边缘被劈成深坑，犬牙交错的阴影投在长满杂草的墙上。沧桑难以言尽，我不禁怀疑，这座建筑比起它刚刚建成的时候更为有力。"[①]拉斯金对于教堂的描述不仅展示了时间的力量，同时也在颓败中揉入了浪漫的成分，精确传达了如画的审美体验。然而，拉斯金并没有将从建筑中获得如画感受视为最终目的。相反，拉斯金将如画视为达成理想建筑的方法或途径。拉斯金认为，只有饱含如画气质的建筑才是兼具优美与崇高的建筑，或者说建筑只有在经历"时间的金黄渲染"之后才能展现其最为珍贵的一面。

　　此外，拉斯金在比较古希腊建筑与哥特式建筑上的人物雕塑时认为，两者具有不同的内在特质。前者所表达的核心是建筑的基本形状，而后者则重在表现因形体而产生的光影变化。两者相较而言，拉斯金认为后者更具"如画"气质。由此，我们可以推测，"如画"气质的多寡与其所具有的生命特征的强弱有关。古希腊建筑呈现为厚重、理智与庄严，而哥特式建筑则更显纤细、野蛮与高耸。前者比后者含有更多的崇高特性，而后者则更具生命气息。但无论是

---

① 约翰·迪克逊·亨特，潘玥，薛天，等. 诗如画，如画与约翰·拉斯金 [J]. 时代建筑，2017，158（6）：77. 原文参见：Ruskin J, Cook E. T, Wedderburn A. The Works of John Ruskin: Modern Painters [M]. Longmans, Green and Co, 1903：206.

图3-33　威廉·贺加斯的蚀刻版画，时光熏染着画卷（Time Smoking a Picture），1761年绘

（图片来源：https://bostonhassle.com/host-time-smoking-a-picture/）

古典式建筑还是哥特式建筑对于大自然这个艺术家来说却并没有任何不同，当自然以时间为笔刷对建筑和雕塑进行涂抹后，附着于建筑之上的崇高与古色发生混合，如画之美也悄然出现。

与古色相较，废墟是指建筑在结构与形体上达到一定的缺损程度，并丧失结构稳定性与形体完整性。废墟同样会引发人们的如画审美体验，然而却比古色更加深刻与复杂，人们观看废墟时所引发的想象与思考要远远多于所见之物。

建筑的如画之美首先表现为形式上的残缺。与完整的新建筑相比，废墟在一定程度上会触发观者的危机意识，使人产生一种恐惧或不安的心理感受，从而激发人们进入其中与探索未知的欲望，并产生一种拉斯金所说的"战胜死亡的崇高感"。在这一过程中，残垣断壁与斑驳老化的外表还会引发人们对于往昔的回忆，以及对于生命易逝的惋惜与感叹。那些坍塌墙壁上的细碎裂痕，以及附着其上的藤蔓和夹缝中生长出来的花草是大自然的生动笔触，诉说的是一种生命的消失与另一种生命的延续。这种跨越了时空的心理活动，如连续袭来的潮水在观者心里不断翻涌，而绝非微风掠过平静的湖泊所带出的一串涟漪。

在拉斯金的作品中，废墟时常会成为创作的主题。拉斯金16岁时创作了一幅以废墟景象为内容名为《多佛尔城堡》（Dover Castle）的画作。在其更早的一篇描写哈登庄园（Haddon Hall）的诗作中，拉斯金写道："嘿，废墟，嘿，残迹/被创造出来就为去破坏创造！"[1]青年时期的拉斯金在沿莱茵河旅行时也对两岸的废墟发出过"不是我认为的废墟该有的样子"的感叹[2]，但当旅行至安德纳希（Andernacht）时拉斯金则称赞那里的废墟"在衰败中显得强而有力、雄伟壮丽"[3]。亨特在《如画与约翰·拉斯金》一文中指出，废墟是拉斯金建筑研究的核心之一，《威尼斯之石》就是出自拉斯金对于废墟的描述与想象。"在威尼斯的书信、笔记与速写都在持续地哀悼和注解着废墟，正如书中

---

[1] Ruskin J, Cook E. T, Wedderburn A. The Works of John Ruskin: Poems [M]. Longmans, Green and Co, 1903：284.

[2] Ruskin J, Cook E. T, Wedderburn A. The Works of John Ruskin: Poems [M]. Longmans, Green and Co, 1903：349.

[3] Ruskin J, Cook E. T, Wedderburn A. The Works of John Ruskin: Poems [M]. Longmans, Green and Co, 1903：355.

文字慢慢地重构着废墟。甚至在收集像哥特式建筑这样并非是明显废墟的素材时，拉斯金也选择将它片段化地记录"。[①]同样，在《现代画家》第三卷中，拉斯金在总结透纳的作品时也有类似评价："贯穿透纳的生命，无论在何处，他看到的是废墟。废墟，还有暮色……夕阳渐逝，他看到的，依然是废墟上的一切……"[②]

2．岁月价值及其内涵

古色与废墟在人们心中激发的是一种对于往昔的迷思与想象，而这一情感活动的实质就是建筑的审美行为。作为一种人类理解世界的方式，审美是观者与观察对象之间所形成的一种非功利与无目的性的情感反应。[③]因而，当我们说某一事物具有审美价值时也就意味着它能够引发人们心理上的情感活动，拉斯金在讨论人类对于优秀建筑的审美行为时曾举例："大多数人在火光下第一次走进大教堂，聆听隐而不见的唱诗班吟唱赞歌，或者在月光下欣赏某个教堂废墟，又或者在任何时刻于朦朦胧胧之中走访某座充满有趣联想的建筑时，所产生的感情活动。"[④]这一描述生动地解释了具有岁月价值的建筑在引发观者情感方面的运作方式。

可以说，"有朽的生命"与"如画的审美"是构成岁月价值的两个核心，其展现形式就是建筑所呈现出来的形体缺失与附着其上的痕迹。然而，缺失与痕迹却并不是"如画"的本质，它们仅是岁月价值的外在形式表征。建筑并不是因为使用了昂贵材料，制作了精美的装潢而变得伟大，而是时间的催化使它变得成熟，因"时间的金黄渲染"而变得诱人。因此，真正伟大的是"年岁"（Age）。自然与人为破坏去除的只是建筑的浮华外表，历经沧桑而留存下来的

---

① 约翰·迪克逊·亨特，潘玥，薛天，等. 诗如画，如画与约翰·拉斯金［J］. 时代建筑，2017, 158（6）: 76.

② Ruskin J, Cook E. T, Wedderburn A. The Works of John Ruskin: Modern Painters Volume 3［M］. Longmans, Green and Co, 1903: 432.

③ 人与客观事物或现象大致有三种关系：一是科学的认知关系；二是伦理的规范关系；三是审美的表现关系。审美的表现关系专注于对象生动可感的表现性形式，是合规律性与合目的性的统一。

④ 拉斯金在《建筑的七盏明灯》的第二版序言中提及一般受过良好教育的人会对各种优秀的建筑做出四种情感上反应，即情感欣赏、自豪欣赏、匠人欣赏、艺术和理性欣赏。详见：（英）约翰·罗斯金. 建筑的七盏明灯［M］. 张璘，译. 济南：山东画报出版社，2006：序6.

图3-34　约翰·拉斯金，卢卡的尼基宫的高塔（Tower of the Guinigi
Palace），1845年绘

（图片来源：http://www.victorianweb.org/painting/ruskin/wc/39.html）

缺失与痕迹才是其宝贵之处，它不但未使我们厌弃，反而会引领我们去追寻那
些已经逝去的记忆，所产生的审美情感也升华了我们的精神。正如拉斯金所
说，建筑的如画之美想来在于它的腐朽，但其崇高性则在于它的年岁。[1]

　　如同人的生命历程，建筑从建成之日起便会朝着消亡前进。古色的显现只
不过是时间流逝的见证，废墟则是见证生命死亡的过程。或许，拉斯金将"如
画"定义为"寄生性的崇高"的意义就在与此，他为时间的流逝与生命的消亡
赋予了更高的审美价值。从而以美的体验战胜对于死亡的恐惧，进而达到精神
上的崇高。当观者凝视具有"如画"内质的古迹时已不单是对残缺与衰败的欣
赏，还包含着对于时间流逝与生命循环的思考（图3-34）。

―――――――――

①（英）约翰·罗斯金. 建筑的七盏明灯［M］. 谷意，译. 济南：山东画报出版社，2012：311.

　　崇高与美融入如画，并形成一种复杂微妙的情感，"岁月价值"的核心意义就在人们的"如画"审美体验中。然而，并非所有的废墟都能引发人们的审美活动。处于废墟状态的建筑或许比只具古色的建筑有更高的审美价值，但废墟也会随着时间的流逝与物质形态的减弱而最终消失，同时对于废墟的审美也将终结。

3.4　社会与文化价值的呈现：奉献、权力与遵从

　　维多利亚时代的英国在物质财富快速聚集的同时，其传统的社会阶层以及道德观念与宗教信仰都在发生快速变化，拜物与金钱从未如此盛行。[①]在工业革命的催动下，一方面人们认为人类必将走向理性与科学的康庄大道；另一方面人们也在惋惜传统文化的衰落与世风日下的道德沦丧。维多利亚研究学者沃尔特·霍顿（Walter E. Houghton，1905～1983）教授曾指出19世纪上半叶英国社会的主要特征："人类进步得太快，以致于旧体制和旧学说遭到了废弃，可是人类又还没来得及掌握新体制和新学说"[②]。

　　总体来说，资本主义及其生产方式已经彻底瓦解了英国传统价值的根基，新兴资产阶级的审美趣味与社会担当却仍处于蒙昧与探索阶段。各种社会思潮涌动，拉斯金作为有责任心的精英知识分子也在探索调和社会矛盾，挽救传统价值与文化免于衰落的方式。如果避开绘画与建筑这两个对象来阅读拉斯金的早期著作，我们会发现拉斯金其实都是在讨论人的道德与审美、精神与信仰、民族与国家的问题，绘画与建筑只是拉斯金规劝大众的工具。在《建筑的七盏明灯》中，"奉献"与"遵从"位于起始和结尾的位置，而这似乎也证明了拉斯金所讨论的不仅是建筑本体的建造问题，最为核心的还是建筑对于社会秩序的建构与维护作用。

---

① 19世纪的现实主义作家为我们展现了当时英国上流社会的生活场景，如威廉·梅克皮斯·萨克雷（William Makepeace Thackery）的《名利场》、查尔斯·狄更斯（Charles Dickens）的《雾都孤儿》《远大前程》《荒凉山庄》《双城记》、艾米莉·勃朗特（Emily Bronte）的《呼啸山庄》，以及欧内斯特·查尔斯·琼斯（Ernest Charles Jones）的《下层阶级之歌》等。

② Walter E. Houghton , The Victorian Frame of Mind, 1830–1870 [M]. Yale University Press, 1957: 1.

3.4.1 建筑的社会价值的呈现

建筑的"社会价值"（Social Value）在于建筑本身所具有的对于知识的记录和传播作用，其中所包含的历史记忆与文化精神具有凝聚社会共识，塑造民族精神的作用。同时，也是协调社会内部矛盾与冲突，促使国民成为统一整体的动力。"社会价值"作为一种普遍价值，其本质是一种现象或行为所具有的满足一定社会共同需要的功能，强调的是对于社会的整体意义。它是以社会整体利益和需要为尺度来衡量某种现象或行为所具有的价值形式。①这一价值形式与拉斯金将建筑作为教化大众的手段，重建大众品德的目的相吻合。

在"奉献之灯"中，拉斯金将建筑划分为"信仰"（Devotional）、"纪念"（Memorial）、"公共"（Civil）、"军用"（Military）、"家用"（Domestic）五种类型，其中"信仰""纪念"与"公共"类型的建筑因与社会生活密切相关而更具社会价值。拉斯金认为，这些建筑之所以重要，不是因为它们有用或者必不可少，而是因为这些建筑本身具有珍贵的品质，我们应将其视为奉献给上帝的礼物。②对于拉斯金来说，建筑是验证人类自身品性的尺度，人们应该进行积极地创造，而非沉迷于对以往建筑风格的抄袭。拉斯金希望通过盛赞哥特式建筑与批判当下建筑，从而达到正本清源的目的。

拉斯金理想地认为，哥特式建筑的任何一个部位都不是机械地模仿或严格遵守某一约定风格样式的结果，而是给予工匠创作自由，激发工匠创造精神的成果。③工匠们无须担心建筑的外在形式是否完整对称，在坚持向上挺进的过程中，他们可以按照自己的意志对建筑做出改变。如果他们想在墙面上开窗那就可以开窗，如果需要增加房间那么就增加房间，如果有必要撑起一堵墙那就只管砌筑起来。因为他们知道这种行为非但不会破坏建筑的伟大反而是锦上添花。哥特式建筑是劳动者的创造成果，是其价值的体现，因而符合艺术的创造规则与标准。因此，中世纪的哥特式建筑真实地体现了外部形式与内部功能的

---

① 李德顺. 价值学大词典 [M]. 北京：中国人民大学出版社，1995：610.

② Ruskin J, Cook E. T, Wedderburn A. The Works of John Ruskin: The Seven Lamps of Architecture [M]. Longmans, Green and Co, 1903：30.

③ Ruskin J. The Stones of Venice [M]. Boston,estes and lauriat publishers,1937（2）：179–207.

统一，并有效地发挥了工匠的智慧与创造力。同时，也是建筑美德的完美呈现。在拉斯金看来，人是建筑的创造者，因而人也是衡量建筑尊卑的重要因素。例如，当我们在面对两栋有着同等材料或相同金钱投入，并有着同等样式或风格的建筑时，如何判断哪个建筑更尊贵呢？拉斯金认为，以我们所投入的情感与精力为标准就可以正确判断哪座建筑更加高贵。

在盛赞中世纪建筑与工匠的同时，拉斯金对维多利亚时代的建筑师、工匠与投资人发出了措辞强烈的批判：作为建筑师，我们谁都没有好到可以不需要竭尽全力工作的地步。同时，我也知道近年来兴建的建筑也都透露出无论是建筑师还是工人都没有尽力。或许那些古老的中世纪建筑没有我们现在的建筑高大，但却是极力之作，而当下的建筑则充满了铜臭气，但凡能偷工减料之处无不偷懒，凡能得过且过之处，无不糊弄一番；作为工匠，如果他们没有制作精美雕刻的技艺，那么可以略显粗糙的诺曼风格，但仍需用心制作出最好的作品；作为投资人，如果投入的资金有限，那么我们可以放弃大理石而选择价格便宜的石灰岩，但必须具有良好的品质。①情感与精力的投入是建筑品质最为重要的保障，只有建筑师与工匠将自己全部的智慧与努力都投注于建造的细节之中，才能创造出伟大的建筑。

拉斯金之所以将"遵从"作为最后一盏明灯，是希望人们在"一个确定的可遵守的规则下去完成应做之事"。对于工匠来说，是遵从先辈的原则，建造出真实与优美的建筑；对于普罗大众来说，则是遵从诚实的品德，从而实现社会的和谐。因此，从某种程度上讲，"遵从"是建筑的社会价值实现的一种保证。

然而，尽管"社会价值"本身是对于民族与国家具有凝聚与稳定的作用，但社会本身却是不断发展变化的，"社会价值"具有时代性和历史性特征。资本主义所释放的生产力已经完全改变了社会的生产方式，传统或古代的建造方法与建筑形式已经无法满足时代发展的需求，新的建筑形式也将应运而生，只是拉斯金在写作《建筑的七盏明灯》时还没有清醒地认识到这一伟大时代已经

---

① Ruskin J, Cook E. T, Wedderburn A. The Works of John Ruskin: The Seven Lamps of Architecture [M]. Longmans, Green and Co, 1903：38.

悄然来临。今天来看，值得我们学习与颂扬的应该是中世纪工匠的建造精神，而非某种建筑的形式与风格，后者只是前者努力的自然结果。

3.4.2　建筑的文化价值呈现

"文化价值"（Cultural Value）指人类所创造的各种文化所包含的价值和意义，或者人们用文化的标准来衡量事物、现象和行为所具有的价值程度。因而，价值重要与否要看事物、现象和行为满足人们文化需要的程度，及对文化发展的影响和作用。一般来说，每种文化都有其主要品质和行为标准，以及不同的生活目的和价值特征，相当于一个民族的文化风格或文化精神。[①]

反观维多利亚时期的英国，伴随工业革命而来的不仅有经济的增长，同时还有社会道德的普遍沦落，以及自然环境的恶化。城市被工厂排出的烟尘笼罩，河流也被工厂排放的黑水所污染。曾经风景如画的乡村被轰鸣的机器所袭扰，丧失了宁静。大部分人看到的是经济的繁荣与财富的累积，但拉斯金看到的却是文明的衰退。在《19世纪的暴风云》中，拉斯金痛斥工业革命摧毁了人们的生活节奏与感官体验："*工业革命如此不满于现状而无止于积极求进……我们从此只能越来越快，快到来不及细数便忘记，快到无以再得仔细辨认方向的余裕……文明进展提升到前所未有的速度，人类不再以己身的体能与感知系统来掌握物质的速度与重力，机械之崛起从此改变了生活的内容*"。[②]

拉斯金惋惜于传统道德的没落以及建筑文化的衰败，对工业革命所带来的全面冲击表现出敌意，并对其进行顽强抵抗。为了保持建筑的纯粹性，拉斯金甚至对建筑中金属的使用做出了明确界定（真正的建筑不允许使用铁材作为建筑材料，如果非用不可，那么金属只能起连接作用，不能用来支撑）。在拉斯金看来，建筑作为向上帝的献祭已经不再高尚与神圣，早已沦为彻头彻尾的俗世之物。当效率与经济成为建筑学的核心理念时，建筑的衰落在所难免。

---

① 李德顺. 价值学大词典［M］. 北京：中国人民大学出版社，1995：758.
② 陈德如. 建筑的七盏明灯——浅谈罗斯金的建筑思维［M］. 台北：台湾商务印书馆，2006：2.

建筑既是文化的载体，也是文化的重要组成部分，反映的是一个民族或国家的历史与文化的积淀。同时，建筑作为一种艺术，在某种程度上其品质的下降也意味着人们审美品位的衰落：品位不仅是德行的一部分或者它的标志，也是德行本身。对于所有人来说最重要又最不重要的一个最接近质问性的问题是"你喜欢什么"？告诉我你喜欢什么，我就会知道你是个什么样的人。①在拉斯金看来，人们建造建筑的过程，也是建筑塑造人格的过程。拉斯金反对人们在建造时表现出应付与将就的心态，他希望人们能够如同崇敬上帝般认真严肃地对待建筑。拉斯金劝诫人们真诚地去建造，在建造过程中通过不断"奉献"而赋予建筑以生命，只有那些因为信仰或者愉悦上帝而做出的努力才有可能成为艺术品。正是在这种双重互构过程中，人的道德与审美将会得到超越与提升，而建筑的持续存在也能够成为长久地教育后代的精神象征。

拉斯金认为，*每一座建筑的质量依赖于它对自身目的的特殊适用性，而这些目的随着气候、土壤以及国家风俗的变化而不同。建于两个不同环境的建筑应有不同的设计或构造来展现两者的区别，建筑要与所在环境形成默契，没有任何普适性的原则可以适用于所有的条件。*②因此，基于时代背景与地域条件而建的构筑物必将随着时间流逝而成为历史与文化的载体，并在后续的存世过程中成为文化传播的可见物证。

总之，纪念性是构成建筑文化价值的重要内容。在建造之初或者使用过程中，建筑因见证了历史发展过程中的重要事件或人物而被赋予纪念意义，从而具有了文化与社会价值。同时，我们也可以看到，有多少历史建筑因象征着民族、国家、宗教或者社会理想而被另一文化群体所摧毁。所以，纪念性建筑应该具有良好的经久性，可以在历经变换的岁月中起到纪念先辈和教育后人的作用。

---

① 此处语出《野橄榄之冠》(*The Crown of Wild Olive*) 第二节 "*Traffic*"，原文：Taste is not only a part and index of morality. It is the only morality. The first, the last, and closest trial question to any living creature is "What do you like?" Tell me what you like, I'll tell you "What you are".

② 拉斯金的这一观念与20世纪70年来以来兴起的"建筑类型学"及"建筑现象学"观点有着相似之处。"建筑类型学"强调新建筑在形式上与历史文脉建立联系，通过相似性手法进行新建筑的设计。"建筑现象学"则强调对场地具有的独特精神进行解读与体验，并通过建造活动营造一种场所的精神氛围。

本章小结

　　总而言之，在拉斯金看来，建筑应是人类奉献给上帝最好的礼物，其品质的好坏则反映了人们是否虔诚。因此，在拉斯金的建筑论中"奉献"占据了核心地位。当然，仅有虔诚之心与奉献精神无法彰显上帝的荣耀，还需要建造者具有良好的审美意识，以及诚实的品格，在遵从社会秩序与建造逻辑的基础上，将最好的材料通过娴熟的技艺，连同人类对于未来的希望与过去的记忆都砌筑到建筑中，从而赋予建筑以生命。唯有如此，建筑才能获得非凡的价值与意义，才能成为民族文化的象征。

　　拉斯金的建筑理论具有浓厚的宗教色彩，也具有深厚的人文与道德情怀。然而，无可厚非，每个人的视野和远见都会受到个体知识结构、生活经验与时代发展的限制。拉斯金处于时代变革的大潮中，工业革命与机器生产彻底改变了人类文明的进程。在经历过痛苦的思索与努力后，拉斯金终于认识到工厂生产必然取代手工作坊，承认并通过与威廉·莫里斯发起"工艺美术运动"以适应工业社会的到来。

第 4 章

拉斯金建筑保护理念的
形成与传播

　　建筑最可歌可颂，最灿烂辉煌之处，着实不在其珠宝美玉，不在其金阙银台，而在其年岁。在于它渴望向我们诉说往事的唇齿，在于它年复一年、不舍昼夜地为我们守望的双眼；在于受尽多少世代、人来人往的浪潮拍打后，从它各面门墙上，为我们所感受到的、那不可思议而无以言喻的慈悲之心。

——约翰·拉斯金《建筑的七盏明灯·记忆之灯》

4.1　19世纪初的历史建筑保护实践

　　前现代社会，无论西方还是东方，大众在思想上都处于宗教的"庇护"之下，徘徊在"来生"或"彼岸"的憧憬中。对于"过去"（The Past）的理解常常呈现为"生命的循环或轮回"，而这一认知直至启蒙运动兴起才有所改变，并伴随着科学与理性的发展才形成人性的解放。由此，传统的循环观开始向线性的时间观转化，周而复始的过去成为遥不可及的历史。正是在这一系列的社会变革中，现代历史观念逐渐形成，并直接影响了人们对于古代遗迹与建筑的态度。

4.1.1　历史与修复观念的发展与演变

　　在讨论19世纪的保护与修复时，都灵理工大学的卡西娅（S.Caccia）教授将"修复"这一概念释义为保护历史文物，及保护过去特定时间痕迹的一种手段。①然而，这只是我们当下对于"修

---

① （意）卡西娅. 欧洲建筑遗产修复的方法与技术 [M]. 许楗，李婧竹，蒋维乐，译. 武汉：华中科技大学出版社，2015：38.

复"概念的理解，在古典时代与中世纪，人们并没有建立起对于古建筑的修复观念。正如著名法国建筑师与风格派修复代表人物维奥莱·勒·杜克在1874年所言："无论修复这个词，还是修复这件事，近乎都是现代才出现的"。[①]人们重视的是建筑物的现实功用，即使那些专门为纪念某事或者某人而建造的构筑物也可以被认为是有具体使用功能的。如罗马普布利乌斯·埃利乌斯·哈德良大帝（Publius Aelius Traianus Hadrianus，76~138）在位期间重建了罗马的万神庙，但却立碑说是罗马总督马尔库斯·维普萨纽斯·阿格里帕（Marcus Vipsanius Agrippa，前63~前12）所建，而两人在世相差了将近百年的时间。中世纪的人们在面对损坏严重的建筑时要么重建（Rebuild），要么另外新建；损坏轻微的进行修缮（Reficere），老旧则施以翻新（Renovare）。

当西方进入文艺复兴时期，人文主义思潮兴起，人们逐渐重视起古代的建筑遗存，大量古罗马时代的废墟与古迹都受到了罗马教廷的关注，并以教皇敕令的形式予以保护，其目的是让古迹作为"美化城市"与"见证古人美德"，以及为艺术家提供可模仿对象。[②]这一时期关于建筑修复的零星讨论主要来自意大利的建筑师，如阿尔伯蒂（L.B. Leon Battista Alberti，1404~1472）将维特鲁威《建筑十书》的原则与自身建筑实践经验相结合，认为应该将建筑视为一个"自然有机体"，任何元素的添加（无论是结构上，还是审美上）都必须以尊重有机整体为前提。[③]同时代的塞巴斯蒂亚诺·塞利奥（Sebastiano Serlio）在其《建筑七书》（*Seven Books of Architecture*）中则认为，现存建筑的外观应适应新的审美标准，古代废旧的建筑构件应进行再利用。[④]总体说来，塞利奥的观点基本代表了文艺复兴时期建筑修复的趋向，即以视觉完整性为审美标准对古建筑进行改建活动。

至18世纪中后期，随着埃尔科雷诺（Ercolano）和庞贝（Pompei）遗址的

---

① Nicholas Price, M. Kirby Talley, Alessandra Melucco Vaccaro Editor. Historical and Philosophical Issues in the Conservation of Cultural Heritage [M]. Getty Publications, 1996: 314-315.

② Jukka Jokilehto. A History of Architectural Conservation [M]. Butterworth-Heinemann Educational and Professional Publishing Ltd, 2002: 29-31.

③ Jukka Jokilehto. A History of Architectural Conservation [M]. Butterworth-Heinemann Educational and Professional Publishing Ltd, 2002: 26.

④ Jukka Jokilehto. A History of Architectural Conservation [M]. Butterworth-Heinemann Educational and Professional Publishing Ltd, 2002: 29.

大规模发掘，人们得以系统地研究古典时代的建筑与城市。现代科学考古与历史主义兴起逐渐改变了人们的时间观念，西方人开始将历史看作一段已完成的发展过程。人们将自己置于历史进程之外审视历史发展的过程，就如同在看一幅历史演变的全景画。一方面，这种距离使得人们能够更加客观地看待过去发生的历史事件；另一方面，这种貌似科学的知识体系也将我们从历史中孤立出来，从而切断了历史发展的连贯性。为了弥补这种断裂，一种浪漫的怀古之情开始兴起，成了联系"现在"与"过去"之间的桥梁。这种联系根植于这样一种观念：即旧有的事物确实已经尘封在过去，却能够在我们的怀旧过程中实现精神上的延续。由于这种怀旧之情融合了历史相对论与民族主义情结，因而自18世纪末开始，逐渐引发了各种对于旧有艺术或建筑形式的复兴。不幸的是，这种复兴带来了新的问题，即"保存"（Preservation）与"重建"(Reconstruction)的理念之争。

现代意义上的建筑遗产理论正是诞生于上述一系列保护与修复理念的斗争中，同时受到不断变化的建筑思潮的影响，新技术与新材料的出现对历史建筑的改造与修缮也起到了推动作用。

4.1.2　19世纪初法国与意大利的建筑保护

18世纪中后期，以拉美特利、狄德罗、爱尔维修和霍尔巴赫等为代表的法国"百科全书派"思想家作为启蒙运动的重要力量促进了法国民众思想的解放，并深刻改变了法国的社会历史观。至19世纪，法国已经发展出一套以风格演变为时序的建筑史观，新技术与新材料的发明与使用（铸铁构件、钢筋混凝土、玻璃）也在催生新的建筑形式出现，建筑的保护与修复理念也在新旧观念的激荡与交替下向前发展。启蒙运动与法国大革命催生了欧洲现代民主共和国的诞生，作为民族遗产的古代建筑与历史遗迹开始受到以国家为主体的相关机构的关注。正是在这一历史背景下，整体统一的建筑学科开始逐渐产生分化：

其一，面向未来的现代主义建筑开始萌芽，并不断朝着功能与理性的方向前进。

其二，面向过去的历史建筑也开始构建自身的理论基础，并通过不断地保护与修复实践探索与世长存的道路。

与我们现在的"建筑设计"与"建筑保护"专业划分不同，19世纪的建筑师在某种程度上身兼两职，他们既进行新建筑的设计，也对古建筑进行修复与改造。对于他们来说，新建与修复并非是完全相反的工作。因而，19世纪的建筑史是一个不断回到古典时代寻求灵感以激发创造力的活动，是一个从过去发现未来的过程。①

1. 德·昆西与普罗斯佩·梅里美的主张

建筑保护与修复理念的形成是一个渐进的探索过程。18世纪末至19世纪初，法国的理性主义和历史主义思维在一定程度上对建筑的完整性修复保持了一定的警惕性。如法国古典考古学家考特梅尔·德·昆西（Quatremère de Quincy，1755~1849）在其1832年编撰的《词典》（*Dictionnaire*）中将"修复"定义为：只是为修理文物古迹而开展的工作，以及对已损毁古迹的原始面貌进行图解描述。至于修复的对象，则是那些能为艺术提供典范或为古文物科学提供珍贵参考的部分。作为考古学家，德·昆西重视的是古迹的教育价值，他盛赞提图斯凯旋门的修复，称其做法是通过使用现代材料来弥补缺失部分以保证凯旋门的整体性，而被省略的细节装饰也不会误导观者对于历史的认知。②德·昆西希望通过折中的方法来协调形式与真实之间的关系。同时代的古建筑修复评论家阿道夫·拿破仑·迪德伦（Adolphe Npoleon Didron）则总结了法国在19世纪30年代进行古建筑修复时的基本原则："加固（Consolidate）胜于修补（Re-Pair），修补胜于修复（Restore），修复胜于重建（Rebuild），重建胜于装修（Embellish）。在任何情况下，都不允许随意进行添加。最为重要的是，决不能擅自去除任何东西"。③

---

① 郭龙，徐琪歆. "反修复"的概念、内涵与意义——19世纪英法建筑保护观念的转变［J］. 建筑学报，2018（7）：90.

② Jukka Jokilehto. A History of Architectural Conservation［M］. Butterworth-Heinemann Educational and Professional Publishing Ltd, 2002：88.

③ Jukka Jokilehto. A History of Architectural Conservation［M］. Butterworth-Heinemann Educational and Professional Publishing Ltd, 2002：138.

然而，早在17世纪，伴随着君权的扩张法国就逐渐形成了一套古典主义建筑美学传统，其特点是对风格与形式的完美追求。建筑师以古代希腊与罗马的古迹作为模仿的对象，强调建筑整体的平衡、对称与比例关系。正是基于这一审美原则，法国建筑师在面对形式风格不够理想或残损的古代建筑时，便不惜通过拆除或改造来实现风格与形式的统一。对此，身为法国古迹总巡查员的普罗斯佩·梅里美（Prosper Mérimée，1803～1870）尽管原则上认为，所有时期和所有风格的历史建筑都值得保护，忠实地保存原始建筑，并完整地将其展现给后代。但随着法国建造技术和历史知识的积累，以及"类比"（Analogy）方法的使用，人们更加坚信可以重建那些已经消失的建筑。因而，梅里美建议："应避免任何意义上的创新活动，要忠实地复制那些原形尚存的样式，如果原物消失艺术家就应致力于同时期、同风格、同地域古迹的研究，以相同的比例、相同的情景下做出同样风格的作品。"①梅里美试图建立一套以逻辑、文献和科学为基础，以展现"协调风格"（Unite De Style）为目的的修复理论，这在一定程度上为后来法国"风格性修复"的兴起提供了基础。

整体来说，19世纪30年代的修复基本上还是努力在"形式完整"和"历史真实"之间求得平衡，但随着19世纪40年代法国大规模修复的开始以及修复原则的持续辩论，视觉完整与形式统一开始逐渐占据上风，修复原则也逐渐演变为"在达到艺术完整性的同时，兼顾考虑作为历史文献的证据"。至19世纪50年代，最初所制定的相对保守的修复原则在不断地经验积累与理论争辩中逐渐倒向了"全面修复"（Complete Restoration）。

2. 维奥莱·勒·杜克的修复理论与实践

尤金-伊曼纽尔·维奥莱·勒·杜克（Eugène-Emmanuel Viollet-le-Duc，1814～1879）是法国哥特式复兴建筑师与中世纪建筑修复理论家及实践者。维奥莱·勒·杜克是法国宫廷总监之子，早年师从法国著名建筑师阿基勒·莱克莱尔(Achille Leclère)，并受到古典主义建筑师亨利·拉布鲁斯特（Henri

---

① Jukka Jokilehto. A History of Architectural Conservation [M]. Butterworth–Heinemann Educational and Professional Publishing Ltd, 2002：138.

Labrouste）的影响。①其后，维奥莱·勒·杜克还曾到访意大利考察建筑，并与拉布鲁斯特的另一个学生安东尼·拉叙斯（Jean Baptiste Antoine Lassus）一起研究中世纪建筑，从而积累了丰富的建筑考古经验。

1839年，维奥莱·勒·杜克受梅里美所托着手修复位于韦兹莱（Vézelay）的玛德琳修道院（Abbey Church of La Madeleine），这也是法国在1837年成立"历史古迹委员会"（Commission des Monuments Historiques）后所修复的第一座建筑。此后，维奥莱·勒·杜克的建筑事务进入新阶段，1844年他和拉叙斯受命巴黎圣母院的修复工作，1846年完成的圣德尼修道院（Abbey Church of Saint-Denis）修复工作，并逐步推动了法国的哥特复兴运动（Gothic Revival Movement）。此后，维奥莱·勒·杜克又监督修复了亚安大教堂（Amiens Cathedral，1849）、桑斯议事堂（Synodal Hall at Sens，1849）、卡尔卡松防御工事（fortifications of Carcassonne，1852）和图卢兹的圣瑟宁教堂（the Church of Saint-Sernin，1862）等一系列历史建筑与古迹。主持修复古建筑期间，维奥莱·勒·杜克还被提名"法国古迹局"（The Office of Historic Monuments）主任一职，以及当选"艺术与宗教委员会"（Commission des Arts et édifices Religieux）会员和宗教建筑高级巡视员，并在1854～1868年间出版了十卷本的《法国建筑词典》（*Dictionary of French Architecture*）及相关理论著作。同时，作为一名出色的理性主义建筑师与建筑理论家，维奥莱·勒·杜克为法国19世纪复兴主义向20世纪功能主义建筑的过渡搭建起了桥梁。

作为一名理性主义建筑师，维奥莱·勒·杜克在其著作《论修复》（*On Restoration*，1866）中对"修复"进行了如下描述："修复一座建筑物既不意味着维护（Maintain），也不是修理（Repair），也不是重建（Rebuild）；修复意味着以一种完整的状态（Finished State）而进行的恢复（Reestablish），这种状态也许在任何特定的时间都未曾存在过"。②从上述定义中我们可以看到，形式的完整性与风格的纯粹性是维奥莱·勒·杜克优先考虑的事情，至于历史与

---

① 宫聪，胡长涓. 亨利·拉布鲁斯特与维奥莱·勒·迪克理论思想比较——19世纪法国两种理性主义理论体系对比研究［J］. 建筑师，2017（002）：77-84.

② Nicholas Price, M. Kirby Talley, Alessandra Melucco Vaccaro Editor. Historical and Philosophical Issues in the Conservation of Cultural Heritage［M］. Getty Publications, 1996：314-315.

现状则是其确定采取何种修复风格或样式的参考。修复对他来说其实更像是一种基于特定历史风格的再创造，既非对建筑早期的真实展示，也非对现状的完整保存。

　　基于上述理念，维奥莱·勒·杜克提出了自己的修复原则："*每一座建筑和建筑的每一部分，都应以其自身的风格（Style）予以修复，不仅注重外观，而且包括结构*"。①建筑考古与历史学的发展也为风格概念的形成提供了支撑。实际上，西方中世纪的人们在修建教堂的漫长过程中，已经学会了利用风格这一方法对建筑不断进行修缮和改造，而多数教堂也都是不同时期不同风格叠加与混合的结果。维奥莱·勒·杜克认为："风格"的形成通常独立于物体范畴之外，并且取决于文化的差异……风格源于人类智慧在形态（Forms）、手段（Means）和物体（Object）三者间所创造出的"和谐"状态，是"一种基于某种原则的理想阐释"。建筑的风格就是人类按照某些固有原则或法则将一些基本形态通过合乎逻辑的方式进行组合而发展形成的，"*建筑形态是结构原理逻辑发展的结果，它取决于建筑材料，取决于结构的必需，取决于必须满足的计划，以及既定法则的逻辑推论，从整体到最微小的细部。*"②至于"风格性修复"（Stylistic Restoration）则正如他对"修复"一词的定义，即将修复对象按其风格而恢复到最为理想的完整状态。

　　维奥莱·勒·杜克并非从一开始就秉承风格性修复原则，其早期修复实践资料显示他最初是一名谨慎的建筑师。在巴黎圣母院的历史调研报告中，拉叙斯和维奥莱·勒·杜克一致认为，人们总是对稀缺东西和残损的状态抱有好奇之心，但如果对它们贸然采用新形式，则可能会导致许多遗存消失。而修复也会使古老的纪念性建筑物成为新建筑，从而摧毁其历史特性。因此，两人都反对拆除后期添加的部分和将建筑恢复到最初的状态，并坚持认为每一处添加，不管是哪个时期的，原则上都应按其自身风格加以保护、加固和修复，而不能受个人意见的影响。③但随着维奥莱·勒·杜克修复古迹数量的增加，他对于

---

①　尤嘎·尤基莱托. 建筑保护史［M］. 郭旃，译. 北京：中华书局，2011：208.

②　尤嘎·尤基莱托. 建筑保护史［M］. 郭旃，译. 北京：中华书局，2011：209.

③　Jukka Jokilehto. A History of Architectural Conservation ［M］. Butterworth–Heinemann Educational and Professional Publishing Ltd, 2002：145.

修复的理解也变得越发激进。在《论修复》中，维奥莱·勒·杜克写道："在现代建筑里，我们通常可以挪走一个或是几个构件而不影响整体。但是，如果我们不能精确地利用任何给定情况下所要求的各种力，那么建筑领域里的精确科学和计算到底是为了什么呢？如果柱子想移就能移，还不损害建筑的坚固性，我们为什么还要那些柱子呢？如果我们只在某些点上设置一些1平方米断面的扶壁，就能把墙厚做到50厘米，而且还足够结实，我们为什么还要做2米厚的墙呢？在中世纪建筑里，每一个结构的每一个部分都承担着特定的功能，发挥着特殊的作用。建筑师必须努力理解每一种功能和每一种作用的价值，然后才可以开始修复。"[1]

从维奥莱·勒·杜克的文字中我们能够感受到，作为宗教建筑设计师[2]，支撑他进行教堂设计或修复的其实并不对上帝的信仰（尽管哥特式建筑被认为是最适合作为教堂的建筑类型），而是源于他对建筑知识的了解和富于理性的思考。同时，我们也要理解维奥莱·勒·杜克既是一位致力于历史建筑修复的专家，也是一位对于新材料与新结构具有敏锐洞察力的建筑师。维奥莱·勒·杜克在面对历史建筑的保护与修复问题时，并没有像拉斯金那样有着强烈的道德情感与精神信仰，更多的是基于建筑师角色而进行的功能与理性的综合思考（图4-1、图4-2）。对于一名有理想与主见的建筑师来说，新建与修复的区别仅在于设计条件上的差异，建筑师的主观创造欲如纸中火焰早晚会烧掉"历史原真性"的外壳，进入到对历史建筑的创作里。而唯一的区别在于，建筑师的这些主观创作会在哪些建筑中实现，以及实现程度的多少。在古建筑的具体保护措施上，维奥莱·勒·杜克更多地考虑利用当下的技术与材料去解决原有建筑的缺陷，这也是为什么他往往被称为"结构理性主义"或"功能理性主义"建筑师的原因。

正是在"功能"与"理性"的指引下，维奥莱·勒·杜克就具体的修复方式进行了分析：不同的施工方法和程序只具有相对价值，它们并非都一样

---

[1] 本段译文引自同济大学陆地教授博客维奥莱·勒·杜克《论修复："其词其事"》一文，原文参见：Nicholas Price, M. Kirby Talley, Alessandra Melucco Vaccaro Editor. Historical and Philosophical Issues in the Conservation of Cultural Heritage [M]. Getty Publications, 1996：317.

[2] 1853年，维奥莱·勒·杜克当选宗教建筑高级巡视员（General Inspector of Diocesan Buildings），1857年则获得宗教建筑师（Diocesan Architect）头衔。

图4-1 维奥莱·勒·杜克在音乐厅设计中使铸铁来表达哥特式建筑形式原则的设计图

（图片来源：https://en.wikipedia.org/wiki/Eug%C3%A8ne_Viollet-le-Duc）

图4-2 维奥莱·勒·杜克的建筑设计图

（图片来源：http://archineeringtalk.com/wp-content/uploads/2014/01/vld1.jpg）

好……例如，一座12世纪建造、没有屋顶排水天沟的建筑；当它在13世纪被修复的时候，被装上了天沟并产生了与之结合的排水系统。如今，建筑顶部情况恶劣，必须完全重建。是否只为了修复12世纪的檐口（其元素依旧全部现存）而应该放弃13世纪的天沟？当然不是。带有13世纪天沟的檐口需要重建并保留其形式——因为要找到一个12世纪带有能够使用的天沟的模式是不可能的。想要完完全全保留那个特定时代的建筑的情况下而建造一个虚构的12世纪的模式，无异于用石头构建一个时代错误。[①]面对上述历史性问题，维奥莱·勒·杜克认为："最好的方法就是试图站在原建筑师的角度上，试想如果他返回这世上，被赋予了同样的工程会如何做。"[②]这是对一个伪命题的巧妙回答，正如维奥莱·勒·杜克自己所说，修复是一件新近才出现的事，古代人根本没有修复的意识与概念。既使原建筑师能够穿越时空来到当下，也不会从保护的角度对建筑进行复原。

在修复理念上，维奥莱·勒·杜克强调建筑师应具备完整的建筑历史知识，需要了解修复对象的风格和形式，以及它所属的流派。建筑师应对修复对象心存敬畏，谨慎地尊重古代建筑残留下来的哪怕最小片段，并有足够的把握对所修复的对象进行周密细致的考虑。对于已经成为废墟的古堡或教堂，维奥莱·勒·杜克也给出了同样的建议，即在细致研究的基础上进行风格性修复。"如果你恰巧负责修复某个局部已经沦为废墟的建筑，那么，在开始进行任何实质性的修复工作之前，你必须挖掘和检查一切东西，并把所有东西都收集到一起，包括那些最小的残片，仔细记下发现它们的位置。只有当这个遗存的所有部分及其用途被确定，如同拼图游戏中所有部分都被安置到合适的符合逻辑的位置上之后，这时你才可以进行真正的修复工作。"[③]尽管维奥莱·勒·杜克把对废墟的研究述说得颇为崇高，但他仍将建筑的修复视为一场智力游戏，其中建筑师的个人能力与专业素养对修复工作起着关键作用。在维奥莱·勒·杜

---

① Nicholas Price, M. Kirby Talley, Alessandra Melucco Vaccaro Editor. Historical and Philosophical Issues in the Conservation of Cultural Heritage [M]. Getty Publications, 1996: 315.

② Nicholas Price, M. Kirby Talley, Alessandra Melucco Vaccaro Editor. Historical and Philosophical Issues in the Conservation of Cultural Heritage [M]. Getty Publications, 1996: 316.

③ Nicholas Price, M. Kirby Talley, Alessandra Melucco Vaccaro Editor. Historical and Philosophical Issues in the Conservation of Cultural Heritage [M]. Getty Publications, 1996: 318.

克看来，沦为废墟的建筑也是建筑，在其修复的方法上与常规修复方式没有本质区别，最终呈现的是风格上统一与形式上完整的"历史建筑"。就结果来看，我们仍然不清楚在建筑修复的过程中有多少需要保持原貌，又有多少需要进行设计与创造（图4-3、图4-4）。

此外，维奥莱·勒·杜克并不反对新技术与形式在历史建筑保护中的应用，我们"必须要承认，除非万不得已，不然有一些事情不能干，而有些事情则是不得不做。"①如修复过程中因合理增添设备而产生的改动，以及因功能调整而导致的建筑形式与外观的变化都是合情合理且必不可少的。维奥莱·勒·杜克支持这种不断变化的因素介入到历史建筑中，并使其呈现出一种生命的延续，而非停止变化，静待坍塌与消亡。

随着维奥莱·勒·杜克在法国的声名鹊起，其修复理念也被人们所广泛接受。埃米尔·利特尔（Emile Littre）在1873年版的《法语词典》（*Dictionnaire de la langue francaise*）中将"Restaurer"一词释义为："当谈及建筑、雕塑和绘画作品时，修复意味着去修补（Reparer）和恢复（Retablir）"。②维奥莱·勒·杜克重新定义了"修复"的概念，18世纪末以来的"以物证史"观点逐渐被建筑的形式审美所替代，建筑的历史价值逐渐让位于建筑的艺术价值（图4-5）。这种看似注重客观的修复活动其实是建立在建筑师的个人主观猜测基础之上的，而以这种方式修复的建筑无异是对历史的再一次发明。

维奥莱·勒·杜克参与或监督了大量法国教堂的修复，也参与过瑞士、荷兰与比利时的历史建筑修复项目，其影响波及19世纪的整个欧洲，并对现代修复观念产生了深远影响。风格性修复造成了大量历史建筑被修复一新，原有朴实的建筑外观被繁复的装饰所替代，从而导致了历史真实性的丧失。

---

① （意）卡西娅. 欧洲建筑遗产修复的方法与技术 [M]. 许婕，李婧竹，蒋维乐，译. 武汉：华中科技大学出版社，2015：78.

② "Reparer"和"Retablir"都有修复的意思，"Reparer"是指通过修补回到完整的可使用状态；而"Retablir"则强调让某物回到最初、最好状态或者正常状态。详情参见：Stephan Tschudi-Madsen. Restoration and Anti-restoration: A Study in English Restoration Philosophy [M]. Universitetsforlaget, 1976：15.

图4-3 修复前的皮埃尔丰城堡（Château de Pierrefonds），1855年摄
（图片来源：https://areeweb.polito.it/didattica/01CMD/catalog/003/2/html/ind.htm）

图4-4 修复后的皮埃尔丰城堡（Château de Pierrefonds），20世纪20年代摄
（图片来源：https://areeweb.polito.it/didattica/01CMD/catalog/003/2/html/ind.htm）

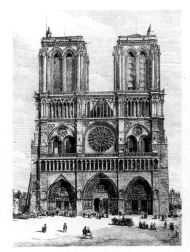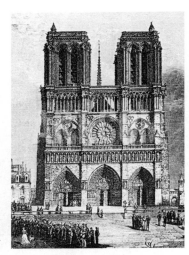

图4-5 左图巴黎圣母院修复前，中图维奥莱·勒·杜克的修复方案，右图巴黎圣母院修复后的效果

（左图来源：https://www.slideshare.net/mobile/aakankshagupta14855/eugne-emmanuel-viollet-le-duc-28127921）

（中图来源：尤金-埃曼努尔·维奥莱·勒·迪克 建筑学讲义［M］. 白颖，汤琼，李菁，译. 北京：中国建筑工业出版社，2015：226.）

（右图来源：http://imgsrc.art.com/img/print/print/eugene-emmanuel-viollet-le-duc-notre-dame-de-paris-en-1642-illustration-from-notre-dame-de-paris-19th-century_a-g-12635238-8880731.jpg?w=671&h=894）

3．意大利的"真实性"保护实践

早在18世纪60年代，西方考古学之父约翰·约阿辛·温克尔曼（Johan Joachin Winckelmann，1717~1768）就曾指出："修复工作的目的是教育性的，因而修复工作不能误导观众对原始作品的研究……在进行正式的修复活动之前，需要明确区分哪些是原有的、真实的，哪些是后期添加的"。[1]19世纪初，意大利圣卢卡学院院长安东尼奥·卡诺瓦（Antonio Canova）也曾提出"保护工作的目的不是修复，而是对所有真实的历史古迹的所有碎片进行保护"的主张。[2]与此相似，考特梅尔·德·昆西也认为，修复应该是保护那些能为艺术

---

① Jukka Jokilehto. A History of Architectural Conservation［M］. Butterworth–Heinemann Educational and Professional Publishing Ltd, 2002：62.

② Jukka Jokilehto. A History of Architectural Conservation［M］. Butterworth–Heinemann Educational and Professional Publishing Ltd, 2002：76.

价值提供典范或为古代文物科学提供珍贵的参考，但在此之前要对古迹进行严谨的调研以及详细的记录，同时对古迹的"真实性"展开研究。在修复的过程中，复原整体缺失的部分即可，而不应恢复原来的细节，这样做的目的是避免观者迷失在为让作品完整而重建的细节中。①

　　尽管维护历史建筑的"真实性"逐渐成为19世纪中叶古迹修复的重要标准，但对于"真实"这一概念本身却依然有着不同的理解与判断，而罗马斗兽场（Colosseum）的两次大规模保护就是很好的例证。在1806年对罗马斗兽场进行的第一次保护处理中，项目主持拉法叶·斯特恩（Raffaele Stern）以"修理并保护所有物件"为目标，通过"使用凝灰石砌筑扶壁墙"的形式支撑起斗兽场东区（面对圣乔瓦尼大教堂的一侧）即将崩塌的外墙。巨大厚重的墙体没有进行任何装饰与细节雕琢，仅为加固建筑毁坏的部分而存在（图4-6）。而斗兽场西区入口（正对君士坦丁凯旋门的一侧）则是由罗马教廷建筑师朱赛佩·瓦拉蒂埃（Giuseppe Valadier）于1826年修复完成的（图4-7）。瓦拉蒂埃"以原有形式"为基础，用砖替代凝灰石砌块，精确地重建了毁坏的拱券，并在材料上做到了新旧可识别。②两者都以保护与展示斗兽场的真实历史为最终目标，但保护方法与具体措施却大相径庭。其差别在于，斯特恩以最为直接的方式通过固化墙体使斗兽场的外围结构免于倾倒，强化了斗兽场在19世纪初遭受两次地震后即将崩塌的状态。拱券上错动的石块似乎被冻结在一起，如同电影中的定格画面，停留在它即将崩溃前的一刻，极具动态与艺术张力；而瓦拉蒂埃则通过混合使用凝灰石与砖块部分地复原了斗兽场的连续拱以形成扶壁，并在细节上模仿原有古迹立面造型，以及在外观覆盖古旧色泽的壁画以期达到色调上的统一。两者相较，前者注重历史瞬间的真实性表达，因而更加生动；后者则因注重建筑原初形式的展现，因而更加完整。两者各有所长，但就历史的真实呈现与设计构思的巧妙性而言，前者要优于后者。

　　此外，维奥莱·勒·杜克作为一名实践理性建筑师对"真实"有着自己的

① Jukka Jokilehto. A History of Architectural Conservation ［M］. Butterworth-Heinemann Educational and Professional Publishing Ltd, 2002：88.

② Stanley N. Historical and philosophical issues in the conservation of cultural heritage ［M］. Getty Conservation Institute, 1996：309-312.

图4-6　斗兽场东区保护加固后效果
（图片来源：https://colosseumrometickets.com/colosseum-history/）

图4-7　斗兽场西区加固修复后效果
（图片来源：http://www.romefeelinghome.com/2017/05/15/15-interesting-things-about-colosseum/）

看法。在1853年的巴黎美术学院讲演中维奥莱·勒·杜克提出："在建筑中，有两点必须做到忠实，一是忠实于建设纲领，二是忠实于建造方法。忠于纲领，这就必须精确地和简单地满足由需要提出的条件；忠于建造方法，就必须按照材料的质量和性能去应用它们。"此外，维奥莱·勒·杜克在其《建筑演讲录》(*Entretiens sur l'architecture*，1863~1872)中表示，建筑师决不能"远离真实"和"相信通过虚假可臻于完美实属异端"。[①]同样，维奥莱·勒·杜克也反对"外裹石材的铸铁柱子"这种内外不一的情况出现，认为每种建筑材料都应该表达其本来面貌，石头就应该表现得像石头，而钢材、木头也一样。[②]维奥莱·勒·杜克的"真实"其实质以合乎材料属性与构造的逻辑进行建构，并完整真实地将之呈现出来。

4.1.3　英国在19世纪初的建筑修复活动

15世纪开始，英国资本主义萌芽开始发展，至16世纪上半叶，亨利八世的宗教改革使英国在宗教上独立于罗马教廷之外，同时也造成了天主教在英国的衰落，随之大量修道院与教堂被毁。18世纪60年代，工业革命的兴起完全改变了人们的物质生活方式，快速扩张的工厂恶化了自然环境，使人们更加怀念前工业时代人与自然和谐共存的生活方式。同期出现的"浪漫主义"与"大旅行"活动则激发了人们对于田园牧歌及异域空间的美好想象，并促使人们通过修复古迹的方式实现这一愿望，甚至这种对于古迹的崇拜激发了英国如画景观的设计与营建浪潮。至18世纪末，英国的修复活动往往以"完整恢复并加以美化"为原则，在一定程度上破坏了历史古迹的真实性。

1. 詹姆斯·怀亚特的修复实践

在英国早期的历史建筑修复实践中，建筑师詹姆斯·怀亚特(James Wyatt，1746~1813)无疑是一位重要人物。怀亚特早年曾游历意大利，并

---

① Eugène-Emmanuel. Entretiens Sur L'architecture [M]. Nabu Press, 2010: 120.
② Eugène-Emmanuel. Entretiens Sur L'architecture [M]. Nabu Press, 2010: 470.

在威尼斯学习建筑。回到英国后，怀亚特除设计过弥尔顿修道院（Milton Abbey）的废墟景观，以及担任过威斯敏斯特大教堂（Westminster Abbey）的测量员外，并没有专门研究过哥特式建筑。然而在机缘巧合之下，怀亚特却成为英国哥特复兴运动早期的重要一员。18世纪末的10年间，怀亚特开始负责利奇菲尔德（Lichfield）、索尔兹伯里、赫里福德（Hereford）和达勒姆（Durham）地区的教堂修复工程。这一时期，人们仍没有建立明确的修复和保护观念，其过程也通常以激进的方式进行，"以统一风格对原有建筑的多样风格进行改造"是这一时期人们对待历史建筑的常规做法。①

1787年，怀亚特视察索尔兹伯里大教堂（Salisbury Cathedral）并随后制定了修复方案，具体修复工作于两年后开始动工。由于教堂在内战期间遭受了严重的破坏，怀亚特拆除了教堂东端的两个年久失修的中世纪晚期小礼拜堂。在教堂的内部改造上，怀亚特为求得唱诗班和圣母堂（Lady Chapel）在视觉空间上的对称与统一，移除了17世纪时增加的祭坛屏风，同时祭坛被移到了圣母堂东面的最远处，祭坛后面的名人石棺也被转移到了主殿。此外，教堂天花板上破损的壁画都被刮除和覆盖，墙面彩色玻璃窗也被拆除和替换。②

怀亚特的教堂修复遭到了建筑师兼评论家约翰·卡特（John Carters，1748~1817）的强烈批评，卡特先后发表了200多篇批评怀亚特的文章，并用"仇视古迹"（Hatred of Antiquity）来形容怀亚特。在1795年时，卡特就曾指出加利里礼拜堂（Galilee Chapel）的修复消除了原有的"视觉效果、如画风格以及崇高庄严之感"，原有"如画"风格所产生的视觉效果可能要比其历史价值更加重要，"修复"意味着原状的消失，而"美化"则是着将不相称的物件装饰到建筑上。③卡特极力反对在教堂的修复中做出变化，甚至还利用旧图片与画作为参考，在图纸上重构改造前的教堂状态。④普金也对怀亚特修复的索尔

---

① Stephan Tschudi-Madsen. Restoration and Anti-restoration: A Study in English Restoration Philosophy [M]. Universitetsforlaget, 1976: 19.

② Stephan Tschudi-Madsen. Restoration and Anti-restoration: A Study in English Restoration Philosophy [M]. Universitetsforlaget, 1976: 20.

③ Jukka Jokilehto. A History of Architectural Conservation [M]. Butterworth-Heinemann Educational and Professional Publishing Ltd, 2002: 107-108.

④ Jukka Jokilehto. A History of Architectural Conservation [M]. Butterworth-Heinemann Educational and Professional Publishing Ltd, 2002: 107.

兹伯里教堂表示不满，并将怀亚特对教堂的美化称为"破坏性修复"，并送以"恶棍"（the Villain）的名号。

2. 诺斯莫尔·普金与哥特复兴

19世纪40年代，英国工业革命完成，财富的积聚与社会发展的需要掀起了一股建筑复兴的潮流。诺斯莫尔·普金是英国哥特复兴代表人物，新议会大厦（House of Parliament）便是普金与查尔斯·巴里（Charles Barry）合作的成果。普金对哥特式建筑有着深厚的研究积累，并在1836~1841年间发表了大量关于建筑修复的著作。在《尖券或基督教建筑的真正原则》（*The True Principles of Pointed or Christian Architecture*）一文中普金认为，哥特式建筑是理性与结构的真实表现，反映的是自然材料的色彩与肌理，非对称的立面也是内外功能一致的反映。

普金本身并不反对修复，而是关心修复的最终效果。关于"修复"，普金指出：教堂可以进行局部改造，但是修复本身应该在模仿古代解构形式的基础上恢复古代教堂的感觉和情绪，唯有如此才能避免乏味与平庸的复制。[①]同时，普金反对使用"风格"这个词，他认为真正意义上的基督教建筑只有一种方式，那就是"真实"。作为一名天主教徒，普金是第一个从创作道德的角度来判断建筑艺术与价值之人，这意味着建筑的所有细节都必须是真实的，并且是建筑必要性的真实表达（这一点对拉斯金的建筑观产生了强烈影响）。在普金看来，仅仅出于基督教的功能需求就改变建筑的实用主义观念已经摧毁了很多优秀建筑，这与教堂的最初形式是相悖的。这也是为什么普金更关心教堂的修复能否实现建造时的初衷，而对反映建筑历史价值的材料能否得到良好保护缺乏重视的原因。准确来说，普金所设计的哥特式建筑是理想化了的哥特式，而非真正的中世纪哥特式建筑。

对于已经沦为废墟的教堂，普金依然希望其能够恢复到历史上最为光辉的时刻，普金认为："（教堂）没有修复是好事，但换个角度看也会有负面影响。因为如果得不到修复，教堂就会被按照信教信仰而被改建……，反之，如果不

---

① Jukka Jokilehto. A History of Architectural Conservation [M]. Butterworth-Heinemann Educational and Professional Publishing Ltd, 2002: 111.

被改建，教堂将被废弃。"①普金的观点与其说反对风格性修复，不如说他在某种程度上反而推动了这一修复方式的发展。

3. 吉尔伯特·斯科特的修复实践

乔治·吉尔伯特·斯科特（George Gilbert Scott，1811~1878）是19世纪初英国历史建筑修复的代表人物，他既是维多利亚时代英国最成功的建筑师，也是一个言不由衷的历史建筑修复者。1835年，斯科特与他人合作成立工作室并开始营业，1842年加入"剑桥卡姆登学会"②，1847年被任命为艾利大教堂的修复建筑师，1849年成为威斯敏斯特教堂观察员，其后的整个19世纪50年代，斯科特更是成为英国多所重要教堂的工程顾问。由于斯科特与维奥莱·勒·杜克的修复观点较为相似，因而两者也经常被人们拿来进行比较。

斯科特最初受到普金的影响开始进行哥特式建筑的研究，斯科特的观点偏重于将受损建筑修复至哥特式建筑的黄金期，并对"不合规矩"的部分进行整改。斯科特与维奥莱·勒·杜克在对待中世纪建筑的态度上有着相似的志趣，在对待历史建筑保护和修复方面也具有一致性，尽管他个人在公共场合公开反对法国的风格性修复原则，但其自身所进行的修复实践却与风格性修复并无差别。早在1941年，英国牧师兼评论家约翰·路易斯·珀蒂（Rev. John Louis Petit）③就质疑斯科特的修复方法，并写诗曰：

请暂停那无情工作——哦 饶恕它，

亦同冷酷如恶魔般之修缮！

这是来自遥远年代之遗珍，

---

① Jukka Jokilehto. A History of Architectural Conservation [M]. Butterworth-Heinemann Educational and Professional Publishing Ltd, 2002: 111.

② "剑桥卡姆登学会"（Cambridge Camden Society）于1839年由剑桥大学三一学院两名学生约翰·梅森·尼尔（John Mason Neale）和本杰明·韦伯（Benjamin Webb）建立，由比例很高的神职人员与建筑师们组成。学会以教堂建筑和文物研究为对象，以修复残损建筑为目标。1841年，学会创刊《教会学家》（The Ecclesiologist）作为学会主要通信工具。学会实际上是英国国教寡头政治的延伸，并通过参与内部机制来控制教会的组织结构。主教和牧师是委员会成员，并经常与学会活动。该学会的真实目的是通过恢复中世纪的建筑环境来达到掌控国教的目的。1945年，迫于压力改名为"教堂建筑学会"（Ecclesiological Society），并迁至伦敦。至1868年学会解散，它已经成功地改变了英国国教教堂的整体面貌。

③ 教士约翰·路易斯·珀蒂（John Louis Petit，1801~1868）对中世纪建筑有着深入研究，此外还是一名出色的水彩画家。曾出版《教堂建筑评论》《建筑特征评论系列》《几个英国大教堂的建筑事项》以及《法国建筑研究》等著作。

> 是充满虔诚之艺术品，我听见你说
>
> 它是欲坠之废墟，你说
>
> 它是破败之古物，或如你言
>
> 是的，但，哦！但仍请温柔以待；
>
> 当心勿抹岁月之痕迹，
>
> 也勿强加当代之美饰；
>
> 请怀敬畏之心搬运欲坠之石，
>
> 以敬重之情待以附着之青苔。①

对此，斯科特予以回应：他承认这些中世纪的教堂是伟大的艺术作品，并可为我们提供相关的历史知识，但只要是修复都会使建筑丧失一部分真实性。因而，奉劝人们应该更加关心建筑的历史性改建和修缮的价值，其中可能保存着原始建筑结构的信息。斯科特认为，今天的建筑师与以往的建筑师存在着地位上的差别，我们不需要像古代建筑师那样去创造，我们只需要去复活原有的样式即可。因而，我们当下要做的是学习，而不是破坏与替换。②

然而，作为"宗教建筑师"，斯科特承受了来自教会与公众舆论的双重压力，因而常常做出言不由衷的行动。斯科特遵循"剑桥卡姆登学会"制定的修复原则，力求"恢复英格兰教堂的历史荣光"，以及"用原初风格改造历代不同时期的增建部分"求得形式上的统一。"教堂建筑学会"的这一原则实际上导致了许多重要教堂被拆毁或重建，其历史价值遭到严重破坏。

在历史建筑的真实性表达方面，尽管斯科特批评"破坏式修复"（即以满足现代审美与当下使用诉求为目的，对古建筑进行改造）会改变历史与古建筑之间的真实联系。但如果有来自教会的诉求，斯科特仍会按照其要求对教堂进行改建。至19世纪50年代，斯科特在圣奥尔本斯（St. Albans）和切斯特（Chester）主持修复工作期间仍以"统一风格"为目的，通过"修复"摧毁了许多重要古迹，具有明显的"破坏性修复"与"过度

---

① Jukka Jokilehto. A History of Architectural Conservation［M］. Butterworth-Heinemann Educational and Professional Publishing Ltd, 2002：160.

② Jukka Jokilehto. A History of Architectural Conservation［M］. Butterworth-Heinemann Educational and Professional Publishing Ltd, 2002：162.

性修复"（Over-restored）特征。[1]

4.2　拉斯金与反修复运动的兴起

文艺复兴之前并未有明确的修复概念，因而也无真假之辩。然而随着18世纪的考古大发掘与古迹研究的深入，人们逐步积累了更多历史认知与经验。对于古迹的保护也逐渐摆脱了艺术价值的束缚，引入了以"真实"为标准的修复观念。从某种程度上来说，对于"真实"的强调也意味着历史建筑保护与修复方式的转变。但基于传统审美观念，人们仍然会选择完整与统一的修复方式，从而影响了古迹的真实性呈现。至19世纪上半叶，欧洲的大部分历史建筑保护实践基本都是在重建、改建以及风格性修复之间徘徊。雨果不禁在《巴黎圣母院》中细数了中世纪建筑所遭受的损害，并为修复不当导致的历史信息丧失而感伤。[2]

4.2.1　19世纪初英国历史建筑修复讨论

法国大革命之后，以留存国家遗产为目的的古迹保护运动在法国迅速展开。至1837年"历史古迹委员会"成立为止，法国基本上已经形成了较为完整的历史古迹保护体系，维奥莱·勒·杜克也即将开启他风靡欧洲的"风格性修复"事业。此时，海峡彼岸的"剑桥卡姆登学会"也在英国不断报道法国的古

---

[1]　斯科特为在牛津艾克塞特学院（Exeter College）建新教堂而炸毁了一座17世纪的礼拜堂；在剑桥圣约翰学院（St. Johns College）则拆除了一座1516年建造的礼拜堂；在牛津为重建所谓的"原初风格"拆毁了一座14世纪大教堂的一部分；在里彭（Ripon）为重建所谓的"早期英国风格"，拆除了1379年建造的大教堂西立面。1859年，斯科特曾建议在杜伦大教堂中央塔楼上增加一个尖塔，其目的是在形体上达到完整的视觉效果，但终因结构安全问题斯科特的提议被驳回。直到19世纪70年代杜伦大教堂内部修复时，斯科特依然进行了大量改建设计。

[2]　雨果在《巴黎圣母院》第三卷第一节中写道：把我们指出的几个方面总括起来，导致哥特式艺术改变模样的破坏就可以分为三种。那些表面上的坼裂和伤疤，是时间造成的；那些粗暴毁坏，挫伤和折断的残酷痕迹，是从路德到米拉波时期的改革改成的；那些割裂，截断，使它骨节支离以后又予以复原的行为，是教授们为了模仿维特依维尔和韦略尔那种野蛮的希腊罗马式工程所造成的；汪达尔人所创造的卓越艺术，学院派把它消灭了。在时间和改革的破坏之后（它们的破坏至少还是公平的和比较光明正大的），这座教堂就同继之而来的一大帮有专利权的、宣过誓的建筑师们结了缘，他们用趣味低劣的鉴赏力和选择去伤害它，用路易十五的葡萄形去替代那具有帕特农神殿光荣色彩的哥特式花边。这真像驴子的脚踢在一头快死的狮子身上。这真像老橡树长出了冠冕一般的密叶，由于丰茂，青虫就去螫它，把它咬伤，把它扭碎。原文参见：[法]维克多·雨果. 陈敬容 译. 巴黎圣母院[M]. 北京：人民文学出版社，2003：99–100.

迹保护与修复工作。

19世纪40年代,"剑桥卡姆登学会"与"牛津建筑学会"(The Oxford Architectural Society)①都将古代建筑视为一种类型化的风格形式,并对古代教堂修复发表了各自的主张。牛津大学也鼓励人们对指导修复工作的原则进行更大规模的讨论,提倡一种在当时看来更为激进的做法:"即如果不以保护(Protection)为目的,那就是非正统(Unorthodox)做法"。②

一场关于保护与修复中世纪教堂的辩论在英格兰就此拉开,辩论双方将焦点集中在"客观实体"(Object)的定义上。持修复意见者关注是否能够"忠实地恢复"古建筑,如有必要还可以重建建筑的早期风格,同时也注重建筑实际功用的实现;而反对者更加关注于建筑"历史时间"(Historic Time)的展现,认定每栋建筑的产生与使用过程中的增减都有其存在的价值,当下的修复不可能还原建筑最初的形象,而我们能做的就是保证原有材料的真实性。辩论双方都将"真实"作为支持各自主张的核心,但在何为"真实"上存在着异见。修复者的"真实"更多基于风格的原貌与形式的统一;而反对者则认为,时光已逝,任何修复都不能完全复原建筑的最初面貌,唯有保护现状才能最大限度地展现真实的历史。从今天的角度来看,显然后者更具说服力,只是在19世纪初英法尚未形成完整的辩证历史观与系统的价值分析体系,人们对于各价值间的关系与权重尚未形成统一的认识。

对于修复的批评促使人们重新反思修复的原则与方法问题。英国历史学家爱德华·奥古斯都·弗里曼(Edward Augustus Freeman,1823~1893)在其1846年出版的《教堂修复原则》(Principles of Church Restoration)中提出了三种不同的修复方式:

其一,"破坏式修复"(Destructive Restoration),即不考虑建筑物原初风

---

① "牛津建筑学会"学会最初名为"哥特式建筑学会"(Study of Gothic Architecture)成立于1839年,其宗旨是促进哥特式建筑研究。与"剑桥卡姆登学会"的宗教会员构成比例不同,该学会以建筑师及相关专业人士为主,约翰·拉斯金也是"牛津建筑学会"成员。19世纪40年代,积极鼓励以考古学为基础的哥特式复兴风格建筑,并为教堂建造者提供标准旨。1848年,改名"牛津建筑学会"(The Oxford Architectural Society),以复兴英国哥特式建筑风格为学会宗旨。1860年改组为"牛津建筑与历史学会"(Oxford Architectural and Historical Society)。1972年,学会与牛津郡考古学会合并,称为"牛津郡建筑和历史学会"(The Oxfordshire Architectural and Historical Society)。

② Chris Miele. From William Morris:Building Conservation and The Arts and Crafts Cult of Authenticity,1877–1939 [M]. Yale University Press,2005:37.

格而进行的添加和改造。

其二，"保守式修复"（Conservative Restoration），即在修缮时精确地再造原有建筑构件，使建筑成为一个摹本（Facsimile Restoration）。

其三，"折中式修复"（Eclectic Restoration），即介于上述两种模式之间，先对建筑的品质与历史价值做出评估，然后确定最佳修复模式。①

作为历史学家，弗里曼的修复模式分类只能停留在概念层面，然而在实际修复项目中却如斯科特所说，每一位修复专家在实际工作中都是"折中式"的，无论他们的初衷是"保守式"还是"破坏式"。

1850年，斯科特向自己所在的"教堂建筑学会"（Ecclesiological Society）提交了题为《呼吁忠实地修复古代教堂》（*A Plea for the Faithful Restoration of Ancient Churches*）的论文，"真实性"再次成为古建筑修复争论的焦点。斯科特受到教堂修复辩论和拉斯金《建筑的七盏明灯》的启发，从实用主义的角度将古代建筑大致分为两类：

其一，已经丧失功用的古代遗构可作为古代文明的证言。
其二，作为上帝居所的古代教堂应达到向公众展示的最佳效果。②

在斯科特看来，那些已经丧失使用功能的建筑（废墟）仍有其历史价值，作为往昔的证言，保持其现状即可；而教堂则应例外，作为精神信仰的场所，则应具有完整性与美观性。对于后者，尽管斯科特并没有说明何为"最佳效果"，但就结果而言则与维奥莱·勒·杜克的风格性修复无异，完整性仍是其修复的重要原则。斯科特进一步借用并拓展了弗里曼对于保守修复（Conservative Restoration）的主张，并希望将"保守主义"视为目标，并将其作为一种修复规则用于指导以后的实践工作。同时，斯科特本人也清楚地意识到，"所有修复的最大危险是做得太多；而最大的困难则是知道该停在哪里"，

---

① Jukka Jokilehto. A History of Architectural Conservation [M]. Butterworth-Heinemann Educational and Professional Publishing Ltd, 2002：156.

② Jukka Jokilehto. A History of Architectural Conservation [M]. Butterworth-Heinemann Educational and Professional Publishing Ltd, 2002：161.

以及"让修复者不要过分地偏爱任何一个时代……"①

真实性问题引发的持续性讨论在一定程度上清晰化了"保护与修复"者之间的分歧，为"反修复运动"（Anti-Restoration Movement）的到来提供了舆论上的铺垫，其结果也促使英国的建筑保护开始趋向"保守"化，但对于"真实性"与"功能性"的分歧还会在不久到来的修复高潮实践及理论争辩中持续下去。

4.2.2　拉斯金建筑保护理念的形成

1843 年，《现代画家》第一辑出版，年轻的拉斯金还不敢以真名示人。这部作品尽管是为画家透纳的辩护之作，但已经触及修复的相关问题，并初步奠定了拉斯金作为艺术评论家的社会地位。然而，早年游历大陆的经历始终萦绕在拉斯金的心头，意大利的古建筑与阿尔卑斯山的壮美风景让他魂牵梦绕。1848 年，拉斯金携妻前往法国考察哥特式建筑，并于次年再次游历威尼斯，并在那里完成了《建筑的七盏明灯》的写作。这座被拿破仑称为"欧洲最美客厅"的城市让拉斯金深深体会到了建筑的价值与社会意义，也为其保护理念的形成奠定了基础。

1．历史建筑的真实性

作为 19 时期上半叶重要的建筑理论家，维奥莱·勒·杜克、拉斯金和斯科特均赞赏哥特式建筑的科学性与合理性，并认为哥特式建筑是一种"真实"的建筑。但他们对于"真实"的理解却存在着根本性的分歧，并导致在修复理念上的完全对立。作为一种普世价值，"真实"本身存在着多重维度。除了用于描述事物内部构造与外部形式、客观存在与主观判断是否统一外，"真实"还可以用来评价两个相联事物（如能指与所指、意向与本体）之间是否对立。因而，针对事物具体的情况往往会出现"历史的真实""构造的真实""材料的真实""生活的真实""艺术的真实"等不同层面与范畴的真实性定义，以及相关真实程度的判断标准。

———————

① George Gilbert Scott. A plea for the faithful restoration of our ancient churches [J]. RNA, 2004, 21（4）: 544–545.

　　同样，在经历了19世纪40年代的建筑修复与真实性大讨论后，拉斯金对于历史建筑存在的意义及其价值形成了较为完整的认识：一方面，拉斯金的真实性判断是基于道德的。他认为当下在整个人类历史发展进程中只是一个结点，人们不能去干扰事物正常的发展与延续。因而人们不能摧毁那些历史纪念物，也没有权力这样做。另一方面，拉斯金的真实性判断是基于历史的。建筑作为历史的创造物，是不能被人篡改的历史证言。作为历史的基石，原则上我们只能对建筑进行保护而不能修复。总体来看，拉斯金对于真实的理解含有强烈的宗教信念，拉斯金的"真实"也是一种终结了历史的真实，它针对的是过去而非未来，是一种固化了的历史观。

　　与拉斯金相较，维奥莱·勒·杜克是一位有深厚理论知识与实践能力的建筑师，尽管没有对建筑的终极价值进行深入讨论，但在《论修复》中他通过富有逻辑的推演所得出的结论有着强大的说服力。首先，维奥莱·勒·杜克承认修复可能产生的错误后果，但认为原样复制老构件也同样不可取，因为那可能只是臆测之作；其次，他认为用当下的新构件去替代老构件可以弥补原有建筑的缺陷，但又认为那可能会造成原有建筑风格失真；最后，他反对将建筑恢复到某一特定历史时期的形式，但却赞成将建筑修复到一种完美的历史状态，即使这种状态从未存在过。维奥莱·勒·杜克将看似难以取舍的观点并置在一起，反映的是他希望在"风格统一性"与"形体完整性"之间求得平衡，从而实现建筑内在逻辑上的真实性。

　　拉斯金在1849年出版的《建筑的七盏明灯》为他赢得了大批支持者，这也让吉尔伯特·斯科特在质疑声中备受煎熬。作为英国重要的修复建筑师，斯科特也适时地抛出了自己对于"真实"的理解。在《呼吁忠实地修复古代教堂》中，斯科特表示："这是对所谓的修复体系的反对，这一系统可能会威胁并剥夺我们所有真实的神圣艺术的谦卑形式，因而我希望借此机会提出抗议。"[①]斯科特提出要"忠实"地保护古代建筑的特征，认为"一个平凡的事实要强过一处装饰性的推测"[②]，反对建筑师按照自己的猜测与审美趣味进行修复。此

---

① George Gilbert Scott. A plea for the faithful restoration of our ancient churches [J]. RNA, 2004, 21（4）: 544.

② Jukka Jokilehto. A History of Architectural Conservation [M]. Butterworth-Heinemann Educational and Professional Publishing Ltd, 2002: 162.

外，在这篇文章中斯科特强调"保守主义"作为修复的基本模式，"保存所有那些标志着建筑的形成过程和历史演变的样式以及不规范、不一致之物"。① 以及通过"保留建筑的原有的精确形式、真实的材料和原始细节"①来达到还原真实历史的目的。总体而言，斯科特这时对于"真实"的理解受到拉斯金的影响，强调建筑的神圣性，以及承认历史演变过程中那些变化部分的价值。作为建筑师斯科特清楚地意识到修复程度其实是非常难以把握的，事实比形式或风格更加重要。因而，他开始反对推测和臆想建筑缺失的部分，希望通过"忠实"于现状而达到展现真实历史的目的。

历史建筑的真实性问题，其实是一个典型的"忒修斯之船"（The Ship of Theseus）难题。公元1世纪，罗马帝国时代的希腊哲学与历史学家普鲁塔克（Plutarchus）曾记述：希腊年轻的英雄忒修斯前往克里特岛，在完成了刺杀怪物米诺陶的壮举并返回雅典后，雅典人为纪念忒修斯的功绩便将他们返航的船只保留下来以作纪念。随着时间的流逝，木质船体开始逐渐腐烂，人们只能通过不断地替换原有腐朽的部件保持船体的完整，直至船上所有部件都被完全替换。人们不禁试问，这时的船还是否是原来那艘"忒修斯之船"？其实，这个问题不能针对船本身是否由最初的构件组成来回答，而是需要对船的本质与意义进行辨别。在这里我们可以借用古希腊哲学家亚里士多德的"四因说"来加以分析。

亚里士多德认为事物的生成与存在都可以通过"形式因""质料因""动力因"和"目的因"来说明，其中"质料因"是天然的、未分化的材料，事物均由这些无差别的材料构成；"形式因"指当事物完全实现其目的时，在事物身上所体现出来的模式或结构，"形式因"决定了事物本质上的"所是"；"动力因"是积极的作用者，将产生的事物作为其结果；"目的因"是引导事物发展的目标或目的，是制作事物的目的，正是通过动力因，事物得以产生。②在四因中，亚里士多德认为"目的因"是终极与最为重要的，他相信自然界中的每

---

① Jukka Jokilehto. A History of Architectural Conservation [M]. Butterworth–Heinemann Educational and Professional Publishing Ltd, 2002：162.

② 弗兰克·梯利. 西方哲学史 [M]. 贾辰阳，解本远，译. 北京：光明日报出版社，2014：096–097.

一件事物都有其存在的目的与价值。[①]

　　基于亚里士多德的"四因说"，我们可以进行以下分析：如果说木料是构成忒修斯之船的"质料因"，船的形状是忒修斯之船的"形式因"，修补船只并防止其腐烂消失是"动力因"，而纪念忒修斯及其英雄事迹则是船存在的"目的因"。修补忒修斯之船使用的是无差别的木材，修复时的工匠也是按照原来的形式进行修复，船的纪念性目的也始终没有改变，因而如果我们按照亚里士多德的理解，可以确认修复后的船还是忒修斯之船。

　　以此类推，我们也可以将建筑的修复视为对忒修斯之船的修复，如一座为纪念某个重要历史人物而修建的古老建筑不小心失火后，人们在原有的残垣断壁之上重新修建了他们所在时代的屋顶，并依据需要顺手在旁边增建了新的房间。而在随后的数百年中，这座建筑又历经了多次类似的修复与改造，如今这座建筑依然健在。那么，这座建筑是否还能纪念那位历史人物呢？答案当然是肯定的，只是在这一过程中建筑的"质料"和"形式"发生了部分变化，但其"目的"并没有改变。即使在历史演变过程中这座建筑曾转为他用，但只要历史信息是完整的，那么它的纪念性价值就依然存在。如果我们参照当下人们保护古迹的目的来看真实性这一问题，[②]无疑，拉斯金更多是基于"质料"和"目的"的真实，而维奥莱·勒·杜克则更倾向于"形式"与"动力"的真实。

　　历史价值与艺术价值自现代遗产观念诞生之日起就是古迹保护中最为重要的两个目的（一般来说，历史价值作为第一价值往往大于艺术价值），而历史价值的彰显是以真实性为基础。因而，从遗产保护的目的来看，无疑，拉斯金对于真实性的定义相对更加准确。当我们面对已经构成历史内容的建筑时，首先应对其保存。我们既不能将其作为纯粹的艺术欣赏对象，通过修复去创造一个从

---

① 梯利借用亚里士多德"雕塑家与雕塑"的关系加以说明四因的关系：雕塑家使用无形式的青铜来创作雕像，青铜即"质料因"；雕塑家所想象的关于这座雕像的一般计划或概念即"形式因"；雕塑家在工作中使用的凿子或其他工具，即"动力因"；最后完整的雕像充分实现雕塑家的目的，即"目的因"。

② 或许有学者会提出维奥莱·勒·杜克也曾在《论修复》一文中有类似举例，但这里笔者讨论的是修复的真实性问题，而非建筑的风格或实用性问题。1964年的《关于古迹遗址保护与修复的国际宪章》（威尼斯宪章）开宗明义地提出：世世代代人民的历史古迹，饱含着过去岁月的信息留存至今，成为人们古老的活的见证。人们越来越意识到人类价值的统一性，并把古代遗迹看作共同的遗产，认识到为后代保护这些古迹的共同责任。将它们真实地、完整地传下去是我们的职责。我国2015年版《中国文物古迹保护准则》也将"保护文物古迹的目的在于保存人类历史发展的实物见证，保存人类创造性活动和文化成就的遗迹"作为订立准则的基础。但上述观点也仅是近半个世纪以来人们所形成的共识，并不能证明维奥莱·勒·杜克的修复原则就是错误的。

未发生的历史想象；也不能将其作为一座尚待修整的老房子，以功能和使用为目标对其进行改造和重建；更不能以当下的技术优势与审美观念为主导去改造建筑，从而造成历史的失真。正如拉斯金说，我们要做的仅仅是维持大厦的拱顶不致坍塌而进行支撑加固，不是重建一个新的拱顶。从这个层面来看，拉斯金的真实更具价值理性，而维奥莱·勒·杜克的真实则更偏重于技术理性特征。

同样作为宗教建筑师的斯科特，则希望在上述两者之间求得平衡，反而导致其在修复理念与修复实践上的矛盾表现。斯科特既想表达建筑的真实性（保留建筑在使用过程中被改造的部分），也想对这些曾经的改造部分进行再次修正（移除风格不统一的部分及满足教会新的需要）。斯科特既不承认自己与维奥莱·勒·杜克的"风格性修复"具有相似性，也不反对在修复中加入现代材料及使用新的结构形式。总体而言，斯科特与维奥莱·勒·杜克作为建筑师是成功的，他们对于铸铁构件在建筑中的应用颇有心得，并在推动现代材料与技术在建筑中的应用发挥了重要作用。

2. 历史建筑的审美特征

拉斯金说，"建筑"是这样一种艺术：它将由人类所筑起、不论用途为何的建筑物，处理、布置、装饰，让它们映入人们眼帘时的相貌，可为心灵带来愉悦、满足和力量，并且促进心灵的圆满。[1]那么，我们在建造这座建筑时便应考虑到它将来的面貌，避免采用那些易损的材料或结构形式。然而，如果建筑已经建成且原初的设计很糟糕，并不能给人以形式上的愉悦或促进心灵的圆满，"那么它唯一可能具有的优点就是古老的痕迹了"。[2]

基于上述观点，我们可以说新建筑的美源于靓丽的色彩或精美的装饰，但历史建筑的美则是源于历史痕迹的叠加。拉斯金认为在这个世界上，凡是可拓展我们情感或想象的都值得崇敬，凡是强化我们记忆或加深我们对于死亡理解的都有其价值。因而，一座建筑的最大荣耀，不在于所用石材是否名贵，也不在于是否贴金镶玉，而是在于它历经岁月所留下的痕迹，在于它所存储的历史

---

① （英）约翰·罗斯金. 建筑的七盏明灯 [M]. 谷意，译. 济南：山东画报出版社，2012：3.

② Ruskin J, Cook E. T, Wedderburn A. The Works of John Ruskin: Modern Painters Volume 1 [M]. Longmans, Green and Co, 1903：203.

与记忆。正是有了这些痕迹，建筑才具有意义，历史才真实可信，人们才有如画之美的体验。

岁月痕迹的形成源于时间作用于建筑而产生的"效果"，"一栋建筑只有在经历四五个世纪以后才能被认为达到它的黄金时期。"①这些效果不仅体现在建筑材料的色泽老化上，还体现在某些建筑局部的残损上。曾经光洁的墙壁在经历自然风化的过程中变得斑驳，精美的雕刻在人为的抚摸与磕碰中丧失细节，庄严的祭坛在宗教仪轨的变动中被废弃都会增加岁月价值的内涵。这种因岁月流变产生的效果对建筑的物质性实体进行了升华，所以拉斯金直言："摧毁任何古老的事物都不是一种轻微的罪过"。②

拉斯金并不是最早提出要保留岁月痕迹的人。早在1841年，英国牧师评论家约翰·路易斯·伯蒂（Rev. John Louis Petit）在其著作《教堂建筑评论》（*Remarks on Church Architecture*）中就表达了在教堂修复时应保留历史痕迹的愿望："你可能说的对，但请千万，做得温柔些！切莫抹去了它们岁月的痕迹，莫要强加现代装饰。"③伯蒂的这一请求同样源于对艺术与审美的思考，此时大部分英国的宗教团体看重的是教堂雄伟与否，能不能容纳更多的信众，以及是否符合天主教而非新教的宗教仪轨，教堂的衰败与破落则不是教会想看到的景象（图4-8）。

在反对"教堂建筑学会"所公布的破坏性修复原则时，拉斯金继承了部分约翰·卡特的理念。拉斯金批判这种基于"形式完整"的修复方式，强调建筑本身的历史真实性与浪漫主义审美观。拉斯金认为无论何种修复方法都无法忠实地修复一座历史建筑或一件艺术品，任何一种修复都将不可避免地使用新材料去复制建筑的古老架构、形式或外观，这一举动必然会破坏建筑的独特性与真实性，同时也将抹去（或者部分抹去）岁月与历史的痕迹。拉斯金强调："我现在不记得任何一个好的建筑的实例，不是因它所具有的岁月痕迹而得以提升。我还从未见过任何修复或清理过的建筑，其效果不逊于风化部分的。"②

① （英）约翰·罗斯金. 建筑的七盏明灯［M］. 谷意，译. 济南：山东画报出版社，2012：241.

② Ruskin J, Cook E. T, Wedderburn A. The Works of John Ruskin: Modern Painters Volume 1［M］. Longmans, Green and Co, 1903：203.

③ Petit, John Louis, Remarks on church architecture［M］. London J. Burns press, 1841：126.

图4-8 沙特尔大教堂唱诗班（Choir of Chartres Cathedral）在2008～2009年间修复色彩装饰前（左图）后（右图）对比

（图片来源：Calvel P. La restauration du décor polychrome du choeur de la cathédrale de Chartres [J]. Bulletin Monumental, 2011, 169(1): 13-22. ）

图4-9　拉斯金，卢卡的圣米歇尔教堂（San Michele at Lucca）的立面，
1845年绘

（图片来源：https://www.wikiart.org/en/john-ruskin/part-of-the-fa-ade-san-michele-lucca-1845）

拉斯金在理论上将英国风景画所展现出的"如画之美"转移到了建筑保护的思想中，从而提升了人们对于"岁月痕迹"的审美。在拉斯金看来，修复固然可以使建筑在形式上获得完整，但痕迹与残缺则具有更加崇高与审美的意义。正是基于历史建筑的审美价值，拉斯金奠定了英国现代保护思想的理论基础，英国也开始摆脱法国"风格行修复"的影响找到了一条属于自己的历史建筑保护之路（图4-9）。

3．历史建筑的社会与文化价值

"我们是否应该保留过去时代的建筑，无关权益或者情感问题。而是我们没有权利去推倒（Touch）它们，它们不属于我们。它们部分属于那些建造它们的人，部分属于我们世世代代的后人。即使是死者也依然有他们的权利。"①拉斯金说出上述言论的最终目的并不在于保护建筑本身，而是在于规劝国民大众。拉斯金将建筑视为共有之物，它的所有者不是某个人和某个群体，而是属于过去与未来之人。至于当下，我们仅仅是为前人和后人代为照看，因而我们无权去损毁或拆除它们。通过明确所有权的方式，拉斯金为历史建筑的保护确定了方向，同时也将平常的建筑推升至崇拜之物。他清楚地认识到，只有将建筑置于社会与道德的责任之下，人们才有可能了解其重要性，才有可能为前人和后人保护好这一财产。

对于修复，拉斯金认为它在扰乱历史的明晰性的同时，还对世俗道德与宗教信仰起到了潜在的破坏作用。在1880年第3版《建筑的七盏明灯》的前言中，拉斯金指出："这意味着一幢建筑可能遭受的最彻底的破坏；一场没有任何残余可以被收集的毁灭；伴随着对被摧毁建筑的虚假描述。不要让我们在这个重要的事情上欺骗自己；不可能，不可能让死去的人复活，从而修复任何曾经在建筑中伟大或美丽的事物……我所强调的，就是把生命作为一个整体，还有那些工匠们用眼睛和双手赋予建筑的精神，是不可能被重现的。不同的时代只能给予不同的精神，也就是说，我们给的，只是一个新的建筑，但是死去的工匠精神是不会被呼唤回来的，并且不会受我们这个时代的手和思想所指挥。"②

拉斯金所处的是一个新旧交替的时代，资本主义经济的发展激化了阶级矛盾，改变了民众传统自律的道德观念，物质主义与金钱至上也在逐步瓦解人们的宗教信仰，这些都是传统文化衰落与社会走向松散的标志。拉斯金将新建筑的建造与老建筑的修复作为教化大众，提升国民素质与道德品质的手段。他希望通过激进的言论来纠正已经跑偏的社会，通过矫枉过正的语言来批判修复给建筑真实性造成的破坏。

在文化上，工业革命对环境造成的破坏使得人们更加怀念前现代的田园生活，拉斯金希望通过接续18世纪以来的浪漫主义传统，以及倡导符合自然规律的生命过程，重塑19世纪的艺术审美与道德价值。然而，现代建筑修复原则尚未形成，建筑师在修复历史建筑的过程中往往凭个人判断与经验进行，破坏性与风格性修复盛行，甚至大量古代教堂的修复首先需要满足宗教团体的意愿与需

---

① （英）约翰·罗斯金. 建筑的七盏明灯 [M]. 谷意，译. 济南：山东画报出版社，2012：245.
② （英）约翰·罗斯金. 建筑的七盏明灯 [M]. 谷意，译. 济南：山东画报出版社，2012：242.

求才能进行具体的保护工作。这种趋势一直蔓延到19世纪末，因而对英国的古建筑，特别是对中世纪保留下来的一些形式独特小教堂的修复造成了严重破坏。

拉斯金通过建立历史建筑的保护与评价原则，从而培养民众的社会责任感与道德意识。通过将建筑的"产生"与"毁坏"纳入自然循环的生命轮替中，从而肯定建筑的历史价值、岁月价值与纪念价值。拉斯金认为，岁月流逝，新生的事物会不断地成长和变老，而老的事物也会不断地衰败直至消失。尽管建筑比人要有更为长久的历时过程，但也会面临同样消亡的命运，此为万物之规律，自然之法则。与其不断地通过修复续命，还不如顺应自然。同样，反过来，事物的老化与衰败自有其珍贵之处，甚至废墟也是一种充满诗意的审美。由此而论，真实胜于虚假，保护胜于修复。

当代人对过去的古迹是负有责任的，它传给我们时的价值越高，对我们的要求也就越高。作为历史的证言以及古代工匠的伟大创造，人们应对古代的建筑作品给予最大程度的尊重。拉斯金强调，对于一个国家或民族而言，只要人们做到以下两个方面，便可兼顾建筑的艺术性与尊严，也不用过于惋惜那些即将消失的古迹：

其一，保证新建建筑的品质以及呈现出当下的风格。

其二，对于老建筑则给予细心的日常维护并免于倒塌。

如此，从长远来看，尽管我们祖先留下来的珍贵遗产会不断地被时间所消弭，但这个民族也依然会有持续不断的高品质的建筑留存并传递下去。

4. 古代教堂的宗教价值

19世纪的英国虽然秉承宗教信仰自由政策，但宗教在国家和国民生活中依然扮演着重要角色。同时，教会作为大众教育的主要机构也承担着提升国民素质与道德伦理的责任。[①]拉斯金作为新教教徒和有强烈责任感的人，自然会对

---

① 19世纪随着资本主义经济的发展，英国宗教逐渐淡出政治领域，世俗化成为社会特征。随着宗教宽容政策，原来各教派之间的对立和分歧日渐消退，其他非基督教的宗教也得到了容忍。天主教恢复合法的地位，皈依天主教的人数得到增加，天主教会势力得到加强。英国国教（圣公会，Episcopalism）还在继续享有独尊地位，并主宰着社会生活的各个层面。然而面对地位下滑的危险，英国国教为重振影响力，开始在主要城市大规模建设新教堂。仅1818和1824年，教会通过两笔议会拨款，在大城市建新教堂600座。教堂数量从1861年到1901年的大约14731个增长到17368个。参见：钱乘旦，许洁明. 英国通史. 第五卷光辉岁月——19世纪英国［M］. 上海：上海社会科学院出版社，2007.

民众的道德品质和精神信仰作出反应。

拉斯金在"奉献之灯"的开篇指出，建筑不仅仅是为人提供遮风避雨的房子，它还是教化和影响心灵的手段。[①]拉斯金将建筑按照功用划分为五类，第一类便是"祭祀用建筑"（一切用于敬神的建造之物），而第二类则为"纪念用建筑"（纪念碑和墓碑），其次才分别是"民用""军用"和"家用"建筑。在拉斯金看来，宗教关乎着人的精神信仰与道德品质，而宗教建筑（教堂）则是精神信仰（上帝）的居所，因而位列最前。人们应该心怀感激之情，并将最好的建筑和装饰献给上帝而非装点自家门面。如果要在人们住的房子和上帝的居所之间进行比较，那么人们居住的房子不应比上帝的居所更豪华。

然而，随着19世纪初英国一系列宗教的宽容政策，英国的新教堂修建以及老教堂修复开始达到历史高峰。大量中世纪遗留下来的中小教堂被修复和改造，其历史价值和艺术价值遭到严重破坏。早在18世纪末，学识渊博的天主教主教约翰·米尔纳（John Milner，1752~1826，曾获"Bishop of Castalaba"荣誉头衔）[②]在题为《以索尔兹伯里大教堂为例探讨古代教堂改造的现代风格》（*A Dissertation on the Modern Style of Altering Ancient Cathedrals as Exemplified in the Cathedral of Salisbury*）的论文中对19世纪初的修复建筑师们进行了极为严厉的批评：

（1）在修复的过程中丢失了一些珍贵文物，数个15世纪的坟墓也被破坏。

（2）修复损坏了许多旧时杰出人物的骨灰和纪念物。

（3）破坏了大教堂各部分之间的比例和恰当关系。[③]

对原始建筑大规模的篡改让米尔纳怒不可遏："教堂唱诗班被改成了一个门廊"。[③]教堂圣坛背后屏风的消失和圣坛台阶的削平使人产生了一种空虚

---

① Ruskin J, Cook E. T, Wedderburn A. The Works of John Ruskin: The Seven Lumps of Architecture [M]. Longmans, Green and Co, 1903：27.

② 米尔纳主教对建筑和建筑的历史非常感兴趣，曾出版名为《中世纪英格兰教会建筑》（*Treatise on Ecclesiastical Architecture of England during the Middle Ages*，1811）的专著。1792年，米尔纳为温彻斯特的一个正在进行修复的小礼拜堂绘制了草稿，而责任建筑师便是他的好友约翰·卡特。修复后的礼拜堂被认为是"英格兰宗教改革后首例哥特风格的教会建筑"。1786年，米尔纳在多塞特郡采用哥特式风格建造了弥尔顿·阿巴斯教堂（Milton Abbas Church）。此外，米尔纳还在1789年彻底重建了因塔楼倒塌几近沦为废墟的苏塞克斯郡东格林斯特德教堂（East Grinstead Church）。同年，这位博学的主教发还发表了论文《温彻斯特古迹调研》（*Survey of the Antiquities of Winchester*），1798。

③ John Milner, A Dissertation on the Modern style of Altering Ancient cathedrals [M]. Gale ECCO, Print Editions 1798, 2nd ed, 1811：23.

感，新圣坛给人的印象"*显然更像一个厕所，而非一个圣餐桌*"。[①]米尔纳批评那些基于纯粹宗教仪式进行的修复与改造使教堂丧失了原有的庄重与神圣氛围。

同样，拉斯金对于中世纪的哥特式教堂充满了热情，其保护思想中存在着一股强烈的基于宗教信仰的价值判断。拉斯金反对中世纪教堂按照新的宗教仪轨需求进行改造。一方面源于拉斯金新教教徒的身份，另一方面则源于他对真实性的理解。在拉斯金看来，建筑的"真实性"与教堂的"纯洁性"存在着某种一致性，对于上帝的"奉献"不允许有任何虚假行为，作为上帝居所的教堂更是如此，教堂本身的神圣性不能被损害（图4-10、图4-11）。

图4-10 鲁昂圣奥文教堂（St. Ouen, Rouen.）最初的西立面，由奥贝德·西伯（Abbed Cibo）建造于1525年，在推倒后建起了现代的外观。草图由建筑师海伦·H·詹姆斯（Helen H. James）和简·E·库克（Jane E. Cook）画于改造前

（图片来源：Stephan Tschudi-Madsen. Restoration and Anti-restoration: A Study in English Restoration Philosophy [M]. Oslo: Universitetsforlaget, 1976: 47.）

正是在宗教信仰的支撑下，拉斯金对教堂建筑的保护展现出毫不妥协的态

① John Milner, A Dissertation on the Modern style of Altering Ancient cathedrals [M]. Gale ECCO, Print Editions 1798, 1811：23.

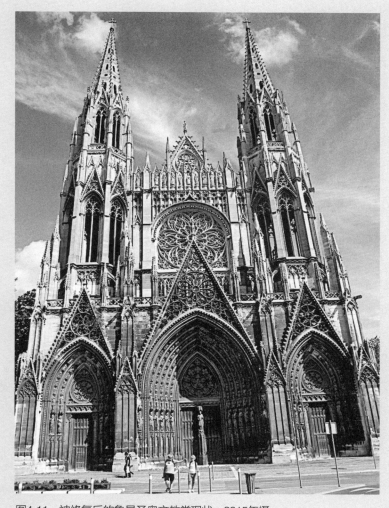

图4-11　被修复后的鲁昂圣奥文教堂现状，2015年摄
（图片来源：https://frenchmoments.eu/wp-content/uploads/2015/08/Western-Facade-of-Saint-Ouen-Abbey-Church-in-Rouen-2-copyright-French-Moments.jpg）

度。然而，当他看到自己多年的努力并没能阻止英国的大规模修复活动时，不免心生懊恼，并在1880年再版的《建筑的七盏明灯》序言中将自己这本书称为最没用的作品。①

4.2.3　反修复的价值理论建构

拉斯金的建筑理论与保护思想是建立在他早年游历欧洲大陆的经验之上的。事实上，17世纪以来英国的大陆旅行传统培养了众多欣赏和保护历史古迹的富裕贵族和士绅子弟，并在19世纪晚期的英国知识分子中形成了一种潜在的文化与审美潮流。特别是自18世纪末起，大量的批判文学与游记都在探讨旧建筑的价值构成与保存方法，以及古迹价值是否存在于外在形式，价值有无重复或不断传递的可能性问题。这些人都渴望从事物的衰败中发现美学价值积极的一面，以及作为"诚实见证者"想法。②拉斯金恰逢其时地继承并推动了这一潮流的发展。

与维奥莱·勒·杜克、普金和斯科特等建筑师不同，拉斯金并没有完全从理性主义的角度研究历史建筑的形式演变问题，而是作为艺术评论家着重于对古建筑的精神与文化内涵进行分析。拉斯金感慨于历史建筑修复过程中"成熟"之美与历史信息的丢失，唯恐过度修复或破坏性修复对历史建筑造成无法挽回的伤害。任何一种修复都不可避免地使用新材料复制原有建筑的构架、形式或外观，这一过程必然会破坏古迹的真实性，同时也将全部或者部分地抹去岁月的痕迹。因此，拉斯金对修复发出了最为严厉的批判，"*所谓的修复是最糟糕的破坏方式。*"③他声称："*要最大限度地保护这些建筑现有的一切，当保护也不再能使它们留下来的时候，我宁可不采取任何措施，让他们自然地、一点一点地腐朽下去，也好过随意地修复。*"④拉斯金使用最为彻底和决绝的话语否定了"修复"的可能，以最为保守的方式维护建筑的真实性。即使有一天那

---

① （英）约翰·罗斯金. 建筑的七盏明灯 ［M］. 谷意，译. 济南：山东画报出版社，2012：235.

② Chris Miele.Miele. From William Morris ： Building Conservation and The Arts and Crafts Cult of Authenticity, 1877–1939 ［M］. Yale University Press, 2005：45.

③ （英）约翰·罗斯金. 建筑的七盏明灯 ［M］. 谷意，译. 济南：山东画报出版社，2012：242.

④ （英）约翰·罗斯金. 建筑的七盏明灯 ［M］. 谷意，译. 济南：山东画报出版社，2012：288–289.

些古老的建筑无法再进行修缮和保护，也希望能够让其有尊严且真诚地倒下，而不被那些虚假的仿制品所冒名顶替。

拉斯金反对修复的三种情景，同时这三种情景也分别对应了历史建筑的三种基本价值：

其一，历史价值。建筑古迹作为国家与民族历史发展的证言需要得到保护，并避免历史信息的丢失与失真。

其二，审美价值。功能性丧失只是让建筑从一种可用状态转换为了单纯的审美状态，废墟产生的"如画之美"要比其在使用状态时更加吸引人。

其三，社会价值。民众在日常生活中具有世俗之人与宗教信徒两种身份，它们都需要通过公共建筑对大众的道德与信仰施加影响。

在公开且言辞激烈地反对历史建筑的修复之后，拉斯金提出了"日常保护"的概念，"**请妥善保管好你们的建筑，你就不需要修复它们了。**"[1]也许这一措施在我们当下是一种基本的常规操作，但在19世纪人们还没有建立起类似的预防性保护意识。拉斯金认为"保护"要远远优于"修复"，而我们需要做的仅仅是通过一些简捷且明显的手段来延长建筑的寿命而已，如"**好好照料你的古迹，就不需要修复了……细心地看护一个老建筑；尽你所能守护它**"[2]。这种基于日常的维护措施不仅可以降低建筑的维护成本，还可以有效避免日后必须要通过"抢救性保护"才能防止古迹坍塌的可能，从而也避免了那种"以新换旧"且"必须为之"的情况出现。在尽可能减少建筑本体干预的情况下，以外物进行加固也可以保证建筑结构的真实性与完整性。"**当它松动时用铁箍绑扎起来；当它倾斜时用木头支撑住；不要在意辅助措施的难看，加根拐棍总比丢掉一条腿好。**"[2]尽管在某种程度上它看上去可能不是那么美观。

就具体保护措施来说，拉斯金不是第一个有类似想法的人。1839年，法国建筑评论家阿道夫·拿破仑·迪德伦（Adolphe Napoléon Didron，1806～1867）在《建筑学年鉴》（*Les Annales archéologiques*）中分析修复与保护的关系时说道："对于古代纪念物来说，加固胜于修补，修补胜于修复，修复

---

① （英）约翰·罗斯金. 建筑的七盏明灯［M］. 谷意，译. 济南：山东画报出版社，2012：244.
② （英）约翰·罗斯金. 建筑的七盏明灯［M］. 谷意，译. 济南：山东画报出版社，2012：234.

胜于重建，重建胜于装修。在任何情况下，都不允许对建筑物进行随意添加。最为重要的是，绝不能擅自去除任何东西。"[1]1846年，时任国会议员的维克多·雨果也提出过类似建议："无论是古老的还是残缺的，都是从时间或者人类那里获得了一种美，……在任何前提下，都不应触动它们，因为抹去这些时间及人类留下的痕迹，关系到历史，有时关系到艺术。加固它们，防止它们倒塌，这是人们应该允许自己做的全部。"[2]尽管迪德伦和雨果都提出了反对修复的建议，但是这些主张似乎都没有受到法国当局的重视，拉斯金在英国也碰到了类似境遇。在19世纪上半叶的历史建筑修复大潮中，大众似乎对创新与技术更感兴趣，而对这种较为保守的观念则没有给予太多的关注。

回顾历史，今天如果我们单纯从技术而非价值理念的角度来看维奥莱·勒·杜克的建筑设计图，或许会惊讶于他在解决结构支撑和结构形式时的高超手段。纤细优美的铸铁构件通过科学合理的布局从而完美地解决了屋顶的支撑问题。我们可以设想，如果维奥莱·勒·杜克将这一结构方式在19世纪便应用于历史建筑的结构加固的话，那么它也将非常贴合拉斯金所提出的"保护"理念，并能在原有建筑形式与现代建筑技术之间形成诗意的张力。

4.2.4 拉斯金的反修复社会活动

1854年，拉斯金受邀参加水晶宫迁址开幕式，并发表了题为"水晶宫的开放：它与艺术前景关系的一些思考（*The Opening of the Crystal Palace: Considered in Some of Its Relations to the Prospects of Art*）的演讲，以及再次强调和阐明了他对历史建筑修复的态度。拉斯金严厉批评道："他们比火灾、战争或革命更能毁灭他们想要保存的古迹。"[3]拉斯金认为，法国人的这些修复只是基于错误的假设，即他们有可能再现过去岁月中已经残损的雕塑作品。他们按此假设行

① Jukka Jokilehto. A History of Architectural Conservation [M]. Butterworth–Heinemann Educational and Professional Publishing Ltd, 2002: 138.
② （法）弗朗索瓦丝·萧伊. 建筑遗产的寓意 [M]. 寇庆民，译. 北京：清华大学出版社，2013：92.
③ Ruskin J, Cook E. T, Wedderburn A. The Works of John Ruskin: The Opening of The Crystal Palace Considered on Some of Its Relations to The Prospects of art [M]. Longmans, Green and Co, 1903: 421.

事，忠实地执行着如数学般的精确复制！而这种做法和努力在拉斯金看来其实都是徒劳的，"任何情况下，任何现代或模仿的雕塑都不应该与古代作品混在一起。"①演讲的最后，拉斯金希望建立一个尽可能广泛的社会组织来保护欧洲的历史古迹。

然而，拉斯金提出成立历史古迹保护组织的倡议似乎并没有迎来多少附和，而他不得不通过自己的努力来实施这一行动。1855 年，拉斯金获得"古物研究者学会"（Society of Antiquaries）的支持，并以该学会的名义发出了两条建议：

（1）对老建筑进行分类。

（2）保存古代纪念物。

拉斯金接着指出："从保护的意义来说，那些仅仅由于时间或疏忽对建筑所造成的破坏，没有必要进行任何的增加、改变或修复"。②拉斯金再次强调，无数古代遗迹的破坏都是以"修复"之名义进行的，而这种破坏还在与日俱增，甚至到了"除非立即对其进行强有力的抗议，否则英格兰将在不久之后不再有真实记录过去的历史遗迹存在"的地步。因此，委员会提出强烈要求：除了有神圣礼拜要求的教堂，在其他公共事务的建筑案例中，都不应该尝试进行任何修复行为。③

更为重要的是"古物研究者学会"跳出考古学的视野来看待古建筑的保护行为，并对"修复"一词进行了重新定义：修复可能被理解为除岁月自然消蚀或人为疏忽外对建筑造成的进一步伤害……修复在艺术中是不真实的，在实践中也是不合理的。④至此，"修复"的概念从原来"挽救建筑于倾圮而进行的人为干预或美化行为"转变为"除岁月自然消蚀或人为疏忽外对建筑可能造成的进一步伤害"。同时，该学会委托其下属分支机构"执行委员会"承担管理和支配一笔基金，用于中世纪建筑保护，拉斯金则每年捐献25英镑，给予资金

① Ruskin J, Cook E. T, Wedderburn A. The Works of John Ruskin: The Opening of The Crystal Palace Considered on Some of Its Relations to The Prospects of art [M]. Longmans, Green and Co,1903：423.

② Joan Evans. A History of the Society of Antiquaries [M]. London University Press, 1956：310.

③ Stephan Tschudi-Madsen. Restoration and Anti-restoration: A Study in English Restoration Philosophy [M]. Universitetsforlaget,1976：50.

④ Stephan Tschudi-Madsen. Restoration and Anti-restoration: A Study in English Restoration Philosophy [M]. Universitetsforlaget,1976：51.

上的支持。

起初，拉斯金及其学会的呼吁引起了神职人员的抗议，他们担心"这份报纸会给那些本来热衷于修缮和修复的人泼了冷水"。[①]但实际上拉斯金的言论并没有改变英国历史建筑的修复现状，"古物研究者学会"的建议并没有引起业界的重视，后续投入的资金也较为有限。同时，拉斯金的观点也受到了某些反对者的质疑，如《建筑者》（*The Builder*）杂志开始使用"极端保守"（Ultra Conservative）或"古董学派"（Antiquarian School）来描述拉斯金的"反修复"主张。实际上英国的建筑师们对维奥莱·勒·杜克及其风格性修复始终保持着敬意，维奥莱·勒·杜克本人也于1854年被推选为"英国皇家建筑师学会"的名誉会员。

然而，在拉斯金与部分宗教人士、艺术家、建筑师的合力推动下事情还是出现了一些转机，"反修复"理念逐渐获得了人们的理解与认可。至19世纪50年代中期以后，英国的"反修复运动"（Anti-restoration Movement）逐渐兴起。以斯科特为首的英国建筑师也在对自身的修复实践做出反思。1862年初，斯科特在"英国皇家建筑师协会"的一次会议上进行了题为"保护古代纪念物与废墟"（On the Conservation of Ancient Monuments and Remains）的讲座。斯科特再次指出，对于古迹最危险和最具破坏性的因素仍是"过度性修复"（Over-restoration），并强调了古建筑作为历史文献的重要性。斯科特引用拉斯金的话，"最好是对古迹进行适当的保护，因为这样就无须再去修复它们"，并呼吁建立一个"警戒委员会"（Vigilance Committee），从而否决任何对古建筑有害的修复行为。[②]

此后，斯科特不断自省其修复理念："我几乎希望将修复（Restoration）这个词能从建筑词汇表中删除，这样我们可以满足于更常见的修缮（Reparation）这个词"。[③]斯科特责备自己没有在伊利大教堂的修复中保留旧的前排座位，人们更加渴望一个未经改变的教堂，尽管老旧的建筑是破败的，但那却是珍贵

① Brebner R. A History of the Society of Antiquariesby Joan Evans [J]. Victorian Studies, 1957, 1（1）: 96.

② Stephan Tschudi-Madsen. Restoration and Anti-restoration: A Study in English Restoration Philosophy [M]. Universitetsforlaget,1976: 55.

③ Stephan Tschudi-Madsen. Restoration and Anti-restoration: A Study in English Restoration Philosophy [M]. Universitetsforlaget,1976: 56.

而衰败的原物。同时，在斯科特的推动下，协会在1864年出台了一份名为《古建筑修复倡导者的一般性建议》（*General Advice to Promoters of the Restoration of Ancient Buildings*）的文件。文件列出20个要点用以提醒建筑师在进行修复项目时如何拆分他们的任务，而最重要的一点是："在任何情况下，都不应该对石头表面进行刮除和加工"。并且"所有旧的部分都应该保存并展示出来，以便尽可能清晰地展示构造的历史与连续的变化"。[1]在斯科特对修复的一系列反思中，英国的古建筑修复活动逐渐走向了谨慎与克制的道路。

此外，受到拉斯金影响的还有斯科特的学生乔治·爱德蒙·斯崔特（George Edmund Street）[2]，正是在读了拉斯金的《威尼斯之石》后他决定延长在意大利的旅行，并在回国后接连出版了《中世纪的砖块和大理石》（*Brick and Marble in the Middle Ages*，1855）与《意大利北部旅行笔记》（*Notes of a Tour of North Italy*，1855）等著作。作为斯科特的学生，斯崔特不仅进行古建筑的修复，同时也进行新哥特式建筑的设计。斯崔特有意识地吸收批评家们的建议进而改进哥特式建筑的设计，并擅长通过使用结构性装饰和艺术技巧进行教堂内部的设计。在圣玛丽·斯通·达特福德（St Mary Stone Dartford）教堂的修复项目中，斯崔特除了为保证教堂功能的完整而推测性地重建了圣坛的拱顶外，其余部分的修复则保持了相当克制。重建部分的拱顶也表现得较为朴实和简洁，并与原有建筑形成了良好的关系（图4-12、图4-13）。

19世纪60年代的"教堂建筑学会"尽管仍然鼓励人们把古代教堂作为崇拜的对象，而非历史证言来看待，但拉斯金多年的努力还是显现出了效果。1861年6月，拉斯金出席了"教堂建筑学会"组织的会议，并对修复现象进行了再次抨击："整个法国的修复是一个不断刮除（Scrape）的过程"，[3]甚至还讨论了是否应该向法国当局提出这一问题。与会的斯科特和斯崔特作为建筑修复实践者则建议通过实例向法国展示修复应该遵循何种原则。

---

[1] Stephan Tschudi-Madsen. Restoration and Anti-restoration: A Study in English Restoration Philosophy [M]. Universitetsforlaget,1976: 56.

[2] 1844~1848年间，斯崔特跟随斯科特学习建筑，并在后来成为一名狂热的哥特复兴主义者。而威廉·莫里斯也曾在1856~1857年间到斯崔特的事务所做短期学徒工。

[3] Stephan Tschudi-Madsen. Restoration and Anti-restoration: A Study in English Restoration Philosophy [M]. Universitetsforlaget,1976: 85.

图4-12 修复前的圣巴塞洛缪大教堂（St. Bartholomew the Great），1123年

(图片来源：Stephan Tschudi-Madsen. Restoration and Anti-restoration: A Study in English Restoration Philosophy［M］. Universitetsforlaget,1976: 88.)

图4-13 修复后的圣巴塞洛缪大教堂（St. Bartholomew the Great），1866年

(图片来源：Stephan Tschudi-Madsen. Restoration and Anti-restoration: A Study in English Restoration Philosophy［M］. Universitetsforlaget,1976: 89.)

1868年，年轻的英国建筑师詹姆斯·皮戈特·普利切特（James Piggot Pritchett）也站出来为拉斯金的观点进行辩护："拉斯金的格言在所有情况下都意味着'保护而非破坏'。这即是说，一座古老建筑的每一个特征都应该被仔细地保护以展示自身的历史。"[①]1870年，建筑评论家埃德蒙·夏普（Edmund Sharpe）也进行了一次"反修复"（Against Restoration）的演讲，再次提醒建筑师在修复的过程中保持谨慎的态度，并批评诺福克郡和剑桥郡修复过的教堂，"都被过分装饰，形成一种全新的、现代的视觉外观。"[②]而夏普给古建筑修复者的最好建议就是"尽可能地少做"。

随着舆论的发酵，关于修复的争论逐渐扩展到更广泛的领域。大众的观念也开始发生转变，报刊媒体在宣传反修复观念方面起到了重要的推动作用，关于修复的讨论不断成为《雅典娜神殿》（*Athenaeum*）、《建造者》（*The Builder*）和《教堂建造者》（*The Church Builder*）等杂志的主题内容。

在反对教堂修复方面，拉斯金并没有否定宗教信仰，而是重新让人们正视教堂作为历史、艺术与道德的模范作用。此外，拉斯金还带动了威廉·怀特（William White）和威廉·伯吉斯（William Burges）、牧师塞缪尔·威尔伯福斯（Rev. Samuel Wilberforce）、教区建筑师韦伯福斯（Wilberforce），以及斯科特等人朝着这一方向前进。至19世纪60年代末，英国的教堂修复通告已经减少到8个，新建教堂的通告也减少到2个。至此，英国逐步摆脱法国风格性修复的干扰，走出了自己的历史建筑保护之路。

1874年4月，拉斯金被"英国皇家建筑师协会"授予金质奖章，以表彰他为英国历史建筑保护事业所做出的卓越贡献，但拉斯金谢绝了这一荣誉（有史以来第一个，也是唯一一个拒绝接受奖章的人）。已经荣升"英国皇家建筑师协会"主席的斯科特两次写信给拉斯金恳请他改变主意，但均未奏效。[③]拉斯金或许仍旧没有原谅斯科特对英国历史建筑造成的伤害，而讽刺的是斯科特正是通过修复英国历史建筑而得到业界与教会认可并成为"英国皇家建筑师协

---

① Stephan Tschudi-Madsen. Restoration and Anti-restoration: A Study in English Restoration Philosophy [M]. Universitetsforlaget,1976：64.

② Edmund Sharpe, Against restoration [J].The Builder,1873,Vol.XXXI,（8）：672.

③ Chris Miele.Miele. From William Morris：Building Conservation and The Arts and Crafts Cult of Authenticity, 1877-1939 [M]. Yale University Press, 2005：45.

会"主席的。如果拉斯金接受奖章，那么是否就代表了两人之间的和解，或者说暗示了拉斯金的妥协。

4.3　莫里斯的建筑保护理念与实践

威廉·莫里斯不仅在现代工艺美术发展史上具有开创性的先锋地位，同时在英国历史建筑保护发展过程中也发挥过重要作用。不仅如此，莫里斯还是一个成功的商人、作家和社会主义者，多才多艺且精力充沛，具有抗争权威的浪漫主义与理想主义热情。

4.3.1　莫里斯的早期活动

威廉·莫里斯（William Morris，1834～1896，图4-14）生于1834年，并在1852～1855年间就读于牛津大学埃克塞特学院，期间莫里斯在大学里开始订阅《建造者》杂志，逐渐培养起对中世纪、神学和教会历史的浓厚兴趣。作为一个拉斐尔前派成员，莫里斯阅读了英国诗人阿尔弗雷德·丁尼生（Alfredlord Tennyson）和拉斯金的作品。特别是在阅读了拉斯金的《威尼斯的之石》与《哥特的本质》对于中世纪建筑的描写后，莫里斯还模仿拉斯金写下了名为《亚眠的阴影》（*The Shadows of Amiens*）的小说。大学时期的莫里斯与拉斯金保持着亦师亦友的亲密关系，同时也承袭了拉斯金的建筑理想。英国学者克里斯·米勒（Chris Miele）一度认为，历史建筑的本体与雕刻对于莫里斯来说并不重要，而它们引起的联想才重要，是长满青苔的石头及其悠久的历史激发了莫里斯的想象。那些普通的石头通过与人的接触被赋予了万物有灵的电荷，从而让石头与人们产生了共鸣。[①]

1855年，年轻的莫里斯开始研究英国与法国的历史建筑。在考察了位于英格兰的伊利教堂（Ely Cathedral）后，莫里斯写道："在某种程度上让

[①] Chris Miele.Miele C. From William Morris: Building Conservation and The Arts and Crafts Cult of Authenticity, 1877–1939［M］. Yale University Press, 2005：39.

图4-14 威廉·莫里斯（William Morris）

（图片来源：http://www.lifeweek.com.cn/2013/1012/42774.shtml）

我非常失望，修复使它被破坏得更加严重，如同不负责地对待它。"①次年，莫里斯加入"牛津建筑学会"，同时开始关注斯崔特的建筑作品，并在毕业后到斯崔特的建筑师事务所做学徒。似乎莫里斯并不认同斯崔特修复历史建筑的理念，在工作了8个月后，莫里斯就辞职离开了。此后，莫里斯再也没有作为一名职业建筑师的身份投身建筑行业，而是立志成为一名艺术家。

19世纪50年代末，莫里斯为创作工艺美术作品而忙碌，期间结识妻子简·伯顿（Jane Burden），并为组建自己的家庭做准备。莫里斯计划建造一处新婚住所，建筑选址于伦敦东南部肯特郡的贝克斯里赫斯(Bexleyheath)，这便是著名的红屋（Red House）。②红屋由莫里斯和在斯崔特事务所工作时结识的好友菲利普·韦伯（Philip Webb）共同设计，其最初灵感源于1858年莫里斯与韦伯共同游历法国时的突发奇想。韦伯主要负责建筑设计，莫里斯则负责内部装饰，这一组合延续了两人的整个职业生涯。红屋于1859年夏季动工，建筑主体历时1年完成，入住后开始进行内部装饰，又历时1年装修完毕。建筑采用红砖、瓦和部分天然材料建造，壁画和彩绘玻璃的设计则由莫里斯的另一好友爱德华·伯恩-琼斯（Edward Burne-Jones）设计。建筑形式、内部装饰、家具及玻璃画均使用简化了的哥特式风格，红屋的完成也揭开了英国工艺美术运动的序幕（图4-15）。

在英国风格性修复最为猖狂的19世纪60年代，莫里斯在历史建筑保护方面并没有多少作为。此时，莫里斯与朋友们在手工作坊里正忙着进行工艺玻璃的创作，其中很多订单都来自于英国的教堂修复项目。1873年，莫里斯只是在写给母亲的信中简短地提及他去圣米尼亚和艾尔蒙特时对那里的教堂修复感到不满，而此时欧洲大部分地区的历史建筑修复活动已经达到了高潮。

1874年，莫里斯重组了自己的公司（Morris & Co.），逐渐远离教堂陈设业务，转向现成家具、墙纸和面料的设计。同年，莫里斯参加了反对重建汉普斯

---

① Stephan Tschudi–Madsen. Restoration and Anti–restoration: A Study in English Restoration Philosophy [M]. Universitetsforlaget,1976：67.

② 莫里斯的妻子简·伯顿是莫里斯初到伦敦拜访拉斐尔前派的核心人物但丁·加百列·罗塞蒂（DanteGabrielRossetti）时认识的，当时简·伯顿是罗塞蒂的模特，最终两人结为夫妇，红屋作为二人的新婚居所而建造。

图4-15 莫里斯与韦伯共同设计的"红屋"现状，2008年摄
（图片来源：http://www.curiocity.org.uk/events/）

特德（Hampstead）教区教堂的联名抗议活动。直到1876年，莫里斯在参观了由斯科特修复的利奇菲尔德大教堂（Lichfield Cathedral）后，对于历史建筑保护的意识才真正被唤醒。莫里斯对斯科特的教堂修复表达了强烈不满，于是决心正式投入到历史建筑保护的工作中。

4.3.2　SPAB的成立及反修复主张

1877年3月2日，88人聚集在布利斯波利女王广场22号（威廉·莫里斯的公司展厅）宣布英国"古建筑保护学会"（The Society for the Protection of Ancient Buildings，简写为"SPAB"）成立，并就学会的章程达成一致意见。作为英国第一个民间建筑保护组织，学会成员以艺术家、建筑师及古建筑爱好者为主，而非以主持修复项目的行会建筑师或教会建筑师构成。①或许正是因为SPAB的成员构成，可以使他们排除职业生存和教会压力，以更加超脱的姿态探讨历史建筑的保护方法及评价建筑师的修复方案。

莫里斯有着极强的热情与行动能力，积极推进学会各项活动的展开。一方面，为扩大学会的影响力，莫里斯在SPAB成立两日后给欧洲著名刊物《雅典娜神殿》（*Athenaeum*）写信，告知他们学会成立事宜，以期代为宣传；另一方面，莫里斯提议建立一个专门进行古迹监察的机构，并抗议所有类型的古建筑修复活动，尽最大努力避免进行人为干预，重申教堂不仅仅属于教会，其本身也是一种神圣的历史纪念物。

莫里斯在学会成立宣言中指出，过去50年人们积累了大量建筑知识，但这也使得当下的建筑师在面对修复对象时，更加依赖自己特定的建筑知识对那些"不合时宜"的古建筑进行臆想性的改建。这种行为所造成的损害比前几个世纪所有人为累加起来的还要多。②对于修复，莫里斯恳求道："还是请等一等，如果我们的认识存在错误，那么不修复就不会造成伤害。"③此外，莫里斯还请求拉斯金允许在SPAB的小册子里重印1849年版《建筑的七盏明灯》的部分章节，以增加理论知识的宣传。

SPAB核心成员开始介入一些教堂的评论与调研。作为一群"非专业"人士，学会唯一的策略就是在公共场合"小题大做"，强调保护古代教堂的重要性。莫里斯在《时报》（*The Times*）上发表有针对性的声明，指责斯科特在图克斯伯里大教堂（Tewkesbury Abbey）的修复工作。而斯科特所做的只是按照当时通常惯例或教会要求对教堂内部进行彻底改造，如移走旁听席，更换新

---

① SPAB重要初始成员包括：约翰·拉斯金、托马斯·卡莱尔（Thomas Carlyle）、陶艺家威廉·德·摩根（William de Morgan）、拉斐尔前派的霍尔曼·亨特（Holman Hunt）、爱德华·伯恩-琼斯（Edward Burne-Jones）、C·F·福克纳（C. F. Faulkner）、威廉·德·摩根和菲利普·韦伯（Philip Webb）、对修复持批判态度的建筑师斯蒂芬斯（F. G. Stephens）、约翰·詹姆斯·斯蒂文森（John James Stevenson）、W·J·罗夫蒂（W. J. Loftie）、塞缪尔·哈金斯（Samuel Huggins）、A·波因特（A. Poynter）和西德尼·科尔文（Sydney Colvin）教授，以及政治圈的霍顿爵士（Lord Houghton）、约翰·威廉姆爵士（Sir John William）等。

② The Society for the Protection of Ancient Buildings. Notes on The Repair of Ancient Buildings [M]. London: The Committee Published, 1903: 72.

③ The Society for the Protection of Ancient Buildings. Notes on The Repair of Ancient Buildings [M]. London: The Committee Published, 1903: 74.

屏风，清理及光洁地面，装饰拱顶等。[①]莫里斯的批评没有得到斯科特的直接回应，最终出来反驳的是图克斯伯里大教堂修复委员会的主席莱克-梅（E.Lech-mere）。莱克-梅认为，他们进行的是正确的教堂修复方式，其工作就是通过修缮（Reparation）与恢复（Restoring）让教堂重返先前的辉煌状态。对此，莫里斯再次发表声明：在1878年和之后的一年里，钱被用在了改变古建筑的现有状态，并使之看起来更加现代上。[①]

　　SPAB成员中另一位重要人物是对修复持批判态度的建筑师约翰·詹姆斯·斯蒂文森（John James Stevenson）。作为建筑师，斯蒂文森宣称要为所有时代和所有风格的建筑进行辩护，而不只针对某一特定时期的特定建筑。1877年5月，斯蒂文森在"英国皇家建筑师协会"进行了题为"建筑修复：其原则和实践"（*Architectural Restoration: Its Principles and Practice*）的演讲。会上斯蒂文森提出了两条历史建筑修复原则：

　　其一，纪念物作为一种历史文献极具重要价值，不能被任意改变。
　　其二，应摒弃对中世纪建筑的情有独钟，后期的改造也同样值得关注，其形式也同样需要尊重。[②]

　　斯蒂文森的演讲引起了斯科特的不满，已经年迈的他在两个星期后主动站出来为自己多年的修复实践进行辩护。斯蒂文森与斯科特的不同观点再一次掀起了英国关于修复原则的讨论，SPAB也成为舆论的中心，莫里斯、史蒂文森和艺术评论家西德尼·科尔文（Sydney Colvin）陆续撰写大量的批判性文章对历史建筑修复进行抨击。双方的争议吸引了媒体的关注，《建造者》和《建筑新闻》（*Building News*）的报道也起到了推波助澜的作用。SPAB的举动及主张获得了更多相关人士的支持，如牧师兼作家威廉·约翰·洛夫蒂(William John Loftie）和建筑师乔治·艾奇逊（George Aitchison）等人纷纷加入SPAB的阵营。

---

① Stephan Tschudi–Madsen. Restoration and Anti–restoration: A Study in English Restoration Philosophy [M]．Universitetsforlaget, 1976：69.

② John J. Stevenson, Architectural Restoration: Its Principles and Practice [J]．Sessional Papers of the Royal Institute of British Architects, 1876–1877, 1877, Vol.27：226.

起初，行会和宗教建筑师们并不赞同SPAB的主张，但在连续的批评攻势下，他们开始妥协，部分认同SPAB的主张，并承认"修复已经做得太过"的事实。1896年，英国《建筑评论》（*Architectural Review*）杂志创刊发行，新生的期刊也站在了SPAB一边，支持他们对于历史建筑的"保护"（Protection）立场，并逐渐成为学会的宣传阵地。[①]

在这场修复与反修复的舆论争辩中，SPAB被各方冠以多个别称，如斯科特就称其为"防范修复学会"（Society for the Prevention of Restoration），并将SPAB的保护理念理解一种"无为之制"（Do-Nothing System）；律师爱德华·贝克特（Sir Edmund Beckett）则将之称为"反修复学会"（Anti-Restoration Society），并称其会员为"反修复主义者"（Anti-Restorationists）。[②]而莫里斯本人则私下称SPAB为"反刮除学会"（Anti-Scrape Society），因而19世纪70年代后期至80年代的"反修复运动"也被称为"反刮除运动"。[③]这里要指出的是，"刮除"一词并非是莫里斯所独创。早在1861年6月"教堂建筑学会"的会议上，拉斯金抨击法国建筑修复问题时曾指出法国的修复就是刮除（Scrape）。因而，莫里斯选用"Scrape"一词作为学会别名则意味着在延续拉斯金的反修复理念。如果深入分析，我们还可以发现，无论是"反刮除运动""工艺美术运动"，以及莫里斯的诸多设计作品，甚至包括与他和拉斯金交往密切的拉斐尔前派绘画作品中所展现的主题均以"自然"与"真实"为核心，而这一艺术理念又与普金在19世纪40～50年代所倡导的"哥特复兴"有着直接的继承关系。

其实，SPAB对于反修复的态度继承了拉斯金"矫枉过正"式的期望，即以激烈的言辞来阻止修复过程中对建筑造成的损害。正如拉斯金本人所指出的，一些人往往打着修复的名义而行重建之实，取而代之的是一个新的中世纪教堂。过度性的修复导致了历史印记的消失，特别是像斯科特这种通过改变原

① Chris Miele.Miele C. From William Morris: Building Conservation and The Arts and Crafts Cult of Authenticity, 1877–1939 [M]. Yale University Press, 2005：45.

② Stephan Tschudi–Madsen. Restoration and Anti–restoration: A Study in English Restoration Philosophy [M]. Universitetsforlaget,1976：71.

③ Stephan Tschudi–Madsen. Restoration and Anti–restoration: A Study in English Restoration Philosophy [M]. Universitetsforlaget,1976：70.

有建筑风格和空间格局，以及依据当下审美趣味改变内部装饰与色彩的做法，必然遭到SPAB的强烈反对。

与此同时，"以物证史"的观念开始深入人心，纪念物已经被普遍视为一种历史文献，平等原则也成为主流意识，所有时期的文物都有其存在的价值与正当性。以往对中世纪风格的情有独钟被逐渐抛弃，追求风格与形式统一的原则已经过时，历史性"真实"正逐渐成为衡量纪念物价值的一项重要标准。

4.3.3　SPAB的发展与保护实践

SPAB在莫里斯的带领下逐渐健全学会的管理制度。在学会具体研究事务上，1878～1879年间，SPAB关注了索斯韦尔大教堂(Southwell Minster)、圣奥尔本修道院（St Alban Abbey）和威尼斯的圣马可教堂（San Marco）的修复，同时学会还参加了伦敦塔（Tower of London）、威斯敏斯特会堂（Westminster Hall）、伦敦切特住宅（Charter House）、约克城教堂（York City Church）的保护活动。[①]也是从1879年开始，莫里斯将SPAB的会议通告与之前对英国各地教堂的考察资料在学术期刊上进行定期公开以增加学会的影响力。

19世纪80年代早期，SPAB在英格兰有超过30人的通讯员，学会获得信息的质量与时效也有所提升，并有效地弥补了学会的基础调查工作。在确认各地通讯员汇报的情况之后，SPAB的秘书便会写信给委托人和负责人进行相关案例的评估工作，以及对学会的学术理想与实际需求之间存在的问题进行分析。大部分情况下，学会认为修复是一种不必要的花费，通过较少的维修资金便可完成。如1878年，在反对重建圣奥尔班修道院（St Alban's Abbey）的辩论中，莫里斯认为没有必要对修道院进行改造而浪费开支，只需要进行维修即可。SPAB也会派出建筑师来到现场进行核查，如韦伯对北安普敦郡的伊斯林伯拉教堂塔楼（Irthlingborough Church Tower，图4-16）的结构稳定性撰写了较为详细的陈述报告。然而，提供报告也意味着承担风险，因为这种专业性建议可以被理解为带有某种职业责任，因此莫里斯强调SPAB只是站在理论和实际的

① Chris Miele. C. From William Morris: Building Conservation and The Arts and Crafts Cult of Authenticity, 1877-1939 [M]. Yale University Press, 2005: 47.

图4-16　伊斯林伯拉教堂（Irthlingborough Church），1815年

（图片来源：https://eloquentart.tech/2019/10/14/plans-ruins-architectural-prints/）

观点来提出上述见解。此外，类似于1884年约克郡就当地主教计划关闭和出售城市废弃老教堂举行公众集会，也邀请莫里斯前来参加，并听取学会的建议。

　　尽管，莫里斯尽可能避开政治与宗教上的麻烦而将学会的活动限定在建筑和艺术范围之内，但历史建筑的保护往往又和老教堂的修复有关。这种对于教堂修复的批评常常让希望教堂更加宏伟和现代的牧师们感到不满，因而SPAB的活动会不时受到教会的驳斥，如1879年，SPAB委员会致信当时的英国首相格莱斯顿（William Ewart Gladstone），反对在马恩岛老日尔曼大教堂的废墟上重建教堂，并建议择址另行新建。这一建议遭到了教会人事的抵抗，同时也成为人们反对学会主张的借口。1881年，肯特郡的新罗姆尼教堂（New Romney Church）的教区牧师也驳回了一份SPAB的来信："在我看来，存在你们这样一个团体是非常荒谬的。你的委员会包括了当今最激进的人。"SPAB的秘书纽曼（Newman Marks）则回信解释："我们不是一个政治团体，只是希望保护古迹的一个组织。如果我们的学会包含了'激进分子'，他们也应该得到所有优秀的且应加入我们学会中来的'保守主义者们'（Conservatives）的支持。"①

　　然而，纯粹的保护并不能解决原有建筑空间无法满足新的功能需求问题，如果不能对原有建筑进行改建或扩建，那么等待老建筑的只有弃用，甚至最后毁于荒废。而这显然也是莫里斯所不愿看到的。面对于各方质疑与社会压力，莫里斯本人也在考虑将某些已经丧失原有功能的历史建筑改为他用的可能。1924年，SPAB委员会为《宣言》增加了一条注解，即如果有充分的理由要为一座历史建筑进行适度增建且不会违反学会原则，需要满足以下两个条件：

　　其一，新建筑必须符合今天的自然风格，从属于旧建筑，不复制任何过去的风格。

　　其二，添加是基于永久性的需要，且在任何意义上建筑都应是一个整体，将来的活动也应适合建筑自身的条件。但如果增建是以修复为动机，则肯定违

---

① Chris Miele. From William Morris: Building Conservation and The Arts and Crafts Cult of Authenticity, 1877–1939 [M]. Yale University Press, 2005：56.

反了学会原则。①

　　然而，后来的实际情况表明，上述原则会导致原有建筑改变的扩大化，以及保护标准的丧失，却无法解决实际的需求问题。如随着人口的增长，原有教堂被增建，但增建后的教堂在若干年后依然无法满足需求，教会还需要重新建造一所更大的教堂。如此，似乎也没有必要对原有的教堂进行增建或改建。因而，这一注解在20世纪70年代后被取消了。

　　尽管莫里斯不是当时唯一对历史建筑提倡保护的人，但是只有莫里斯将"保护"作为一种宏大而连贯的意识形态从始至终贯彻下来。在具体参与历史建筑保护的过程中，莫里斯也在不断思考修复的理论问题，他希望将建筑保护置于更广泛的社会文化中予以考虑，通过历史与传统来理解建筑的价值，而这也是欧洲建筑保护界第一次提出建筑价值的概念。在对待修复的态度上，莫里斯有时比拉斯金更加强硬，甚至一度被教会和行会建筑师视为激进分子。而作为一名实践者，莫里斯则比拉斯金更加了解建筑的工艺与材料的特性。整体来看，SPAB从坚持拉斯金的反修复理念，到莫里斯对保护思想的改造，再到韦伯的具体保护实践之间既有着不变的原则，也有因具体技术问题而做出的妥协与让步。

　　19世纪80年代后，莫里斯与SPAB的声望在建筑保护界逐渐得到提升。至19世纪末，SPAB已经结合具体实践项目重新思考了历史建筑的保护原则问题。至今，SPAB依然遵照学会成立时定下的建筑保护原则行事，建筑的利用与更新不在其事业范畴之内。为表彰SPAB为英国建筑遗产保护所做出的贡献，学会在2012年被欧盟授予了文化遗产奖章。

4.3.4　莫里斯的社会思想转变

　　作为一个民间组织，在SPAB成立最初的几十年，学会并没有制定具体对待中世纪教堂的保护原则，也没有进入学院教育系统，SPAB的大部分核心成

---

① Where there is good reason for adding to an ancient building a modest addition is not opposed to the principles of the Society, provided（1）that the new work is in the natural manner of today, subordinate to the old and not a reproduction of any past style;（2）that the addition is permanently required and will not in any sense be a building which future events will render inadequate or superfluous. When the motive for additions is Restoration they are definitely opposed to the Society's principles.原文参见：SPAB Annual Report, 1924：6.

员也非宗教人士。SPAB的早运作期依赖于莫里斯的公司投入，后期则源于社会资金的捐助。此外，SPAB也没有与"剑桥卡姆登学会"和"牛津建筑学会"等学会进行结盟。上述操作有助于SPAB保持其独立的价值观，从而得以贯彻拉斯金的建筑思想与保护理念。

19世纪80年代，SPAB的保护工作已经从单纯的历史建筑保护，上升到"历史性城市景观"（Historic Townscape）的保护，如莫里斯曾撰文反对牛津因扩大有轨电车路线而要拆除部分历史建筑的项目。随着关注范围的拓展，莫里斯与拉斯金将保护研究的视角投向政治、伦理、社会、道德、文化以及劳动价值等更广阔的领域，而不再基于纯粹的主观意愿或功能需求。[①]同时，对城市层面的介入也使得莫里斯更多地从国家政策以及社会思想方面入手改变古建筑保护的对策。莫里斯于1883年加入了当时激进的社会主义政党"民主联盟"，成为一名真正的社会主义者。他开始把希望寄托在更深层次的社会和政治变革上，并在1884年那场著名的《艺术与社会主义》（Art and socialism）演讲中陈述了自己的看法。莫里斯向我们描述了历史建筑与人类劳动之间正向的关系，以及实现"完整的人"所能起到的促进作用。在莫里斯看来，历史建筑的价值可以归纳为两个方面：

其一，历史建筑表面所累积的古旧色泽与精美雕刻都具有重要的审美价值。

其二，中世纪建筑的外在形态是工匠享受创造自由和健康状态的物质标志。

英国学者查尔斯·米勒（Chris Miele）认为，上述观点的产生源自莫里斯阅读马克思《资本论》的结果，拉斯金在《建筑的七盏明灯》中也持有类似观点。[②]或许拉斯金与莫里斯都认为："当社会重新建立起来，所有的公民都有机会过上适当休闲和合理工作所构成的生活时，我们的社会，不仅仅是我们的社会，才会进化到保护古代建筑免受所有的损害时代。"[③]显然这是一种对于未

---

① Olimpia Niglio. John Ruskin: The conservation of the cultural heritage[D]. Kyoto: Kyoto University of Graduate School of Human and Environment Studies, 2013: 9.

② 意大利比萨大学的奥林匹亚·尼利奥（Olimpia Niglio）教授在其早年的博士论文中认为，拉斯金在1858年前后也曾受到马克思的影响。拉斯金的建筑哲学中除了历史主义、如画审美、宗教信仰外还存在这某种程度的社会主义成分。原文参见：Olimpia Niglio. John Ruskin: The conservation of the cultural heritage[D]. Kyoto: Kyoto University of Graduate School of Human and Environment Studies, 2013: 8.

③ Chris Miele.Miele C. From William Morris: Building Conservation and The Arts and Crafts Cult of Authenticity, 1877–1939 [M]. Yale University Press, 2005: 56.

来乌托邦的想象，但对于具有浪漫主义精神的莫里斯来说，则充满了诱惑。

莫里斯的社会主义思想使他在历史建筑保护与社会变革之间搭建起一座桥梁，并成为引导他在SPAB进行工作的指路明灯。莫里斯在社会政治方面的思想转变充分体现在《来自乌有乡消息》（*News from Nowhere*，1890）的长篇虚构小说中，他建议人们"不妨去想想中世纪欧洲的那些既雄伟又瑰丽的建筑物，他们就知道劳动并不总是一种痛苦和负担。人们通过幻想、想象、感情、创造性的愉悦，以及对于正义的光荣所寄托的希望"可能都存储于那些伟大的历史建筑当中。①

4.3.5　拉斯金建筑保护思想的改造与拓展

SPAB的成立后，莫里斯随即发表了著名的《古建筑保护宣言》（*Manifesto*）。在《古建筑保护宣言》中，莫里斯首先明确了历史建筑的价值与保护的意义，并就保护的措施与方法进行了举例。从各个角度看这个宣言都像是拉斯金"记忆之灯"的精简版。然而，这只是个开始。随着SPAB学术与实践活动的开展，以及对社会主义思想的认识加深，莫里斯对拉斯金建筑保护思想的理解也越发深刻。同时，莫里斯也对那些充盈在拉斯金思想里的理性与浪漫主义精神依据个人理解进行了重塑。

1．建筑作为历史证言应是真实的

在《古建筑保护宣言》中，莫里斯就建筑的"真实性"指出："对于建筑而言，逐渐衰败直至毁灭，又像流行艺术一样，或中世纪艺术知识一样得到新生。因此，19世纪的文明世界在其他世纪的风格包围中找不到自己的风格。于是，修复老建筑的奇怪想法就浮现出来；而最奇怪的知名想法是认为可以将建筑的这段或那段历史和生命剥离——随心所欲地塑造某种历史的、活生生的形象，就仿佛它曾经这样存在过。"②莫里斯首先批评英国在19世纪并没有找到属

---

① （美）麦·莱德尔. 现代美学文论选 [M]. 孙越生，陆梅林等，译. 北京：文化艺术出版社，1988：545.
② 陈曦. 建筑保护思想的演变 [M]. 上海：同济大学出版社，2016：230.原文参见：The Society for the Protection of Ancient Buildings. Notes on The Repair of Ancient Buildings [M]. The Committee Published, 1903：72.

于这个时代的建筑风格，因此人们希望通过修复或重建老建筑借以重现中世纪建筑的辉煌，然而这种做法却只是获得了建筑的形式，而无法为建筑注入灵魂。模仿历史风格会对真正的古迹造成混淆，重建的某种风格建筑只能是虚假的，而非真实的。莫里斯举例，一所建于11世纪的教堂可能在后来的各个世纪都遭遇过加建或改建，每次改变都具有时代的印记，并与其相应的风格形成的精神共存。因而，每个时代的每次改变都有其存在的意义和价值，我们不能因为自己当下的喜好而去改变它，即使它是丑的。莫里斯对于历史真实性的理解与拉斯金一脉相承，而同样基于上述史实的维奥莱·勒·杜克却得出了与之相反的结论，两者之间的根本区别在于对建筑的历史价值的差异性理解。

另一方面，莫里斯在将拉斯金的保护理念转化为具体实践方面也发挥了巨大作用。与拉斯金不同，莫里斯作为一名具有实践经验的工艺美术设计师，对于真实性有着更加深刻的理解，即过于学术的主张会被认为是不切实际的空谈。因为在实践中，如果人们秉持保护理念却无法展开具体工作，往往就会再次倒向"修复"。随着学会保护事业的持续开展，莫里斯为了将拉斯金的保护思想落地以及减少外部阻力，因而将SPAB定性为一个技术机构，将历史建筑及其材料的"原样原址保存"作为维护古迹真实性的基本手段。

此外，早在红屋的设计中，莫里斯与韦伯就贯穿了"简便可行"与"真实自然"的理念。①米勒认为，学会中的许多专业人士宁愿花一个下午的时间研究如何制作一顶帽子，也不愿在研究图书馆里研究一位伟大建筑师的作品。这种由莫里斯和韦伯开创的实践精神已经成为SPAB的一项传统。莫里斯深刻地认识到，尽管历史建筑具有典型的艺术与文化属性，但基于经验和审美的保护措施已经无法适应时代的发展。在日益重视知识与科学的时代，对于技术与材料的了解可以更好地用于历史建筑的保护。②

---

① 菲利浦·韦伯作为一名建筑师、莫里斯的合作伙伴，对SPAB保护事业的运行发挥了重要作用。韦伯是将拉斯金与莫里斯的保护理念转化为建筑技术的人，通过指导具体的历史建筑保护实践拓展了SPAB在英国的声誉。

② SPAB在成立之初进行了大量历史建筑调研工作，19世纪80年代开始提供咨询服务，进入20世纪时开始涉足具体的保护项目。第二次世界大战以后，SPAB成立了专门的技术小组，负责古建保护技术的咨询问题，并积极参与了数量众多且极为重要的历史建筑保护项目。20世纪50年代，SPAB的专家小组就如何清理埃克塞特大教堂西立面、伦敦圣凯瑟琳教堂的结构稳定，以及波迪姆城堡的修复都提供过建议。20世纪60年代中期，SPAB还参与威斯敏斯特大教堂的中世纪木质屋顶保护的讨论。20世纪70年代，则参与了威尔斯大教堂（Wells Cathedral）有关中世纪雕塑保护与修复问题的讨论。

在具体保护方法上，SPAB追求技术上的真实性（Technical Authority）。希望通过原有传统材料对历史建筑进行维护，如SPAB在使用石灰进行历史建筑修复方面就具有权威性，它不仅更符合原有建筑的品性，而且也更加经济与环保。同样，学会也对一些先进合成材料的使用提出质疑，如19世纪70年代，人们广泛使用硅烷（Silanes）作为石材加固剂，学会在试验后提示硅烷可能存在危险。这种材料在初次使用后存在着不可逆性，并对之后的保护产生影响，当硅烷渗入已经脆化的石头后会随着时间的推移而使石头表面发生剥离。

2. 建筑保护应是合乎道德的

与拉斯金一样，莫里斯也认为古建筑的保护要符合人类的道德与伦理标准，即将建筑视为一个与人类相似的生命体（来自古代工匠生命与力量的转移），后世的任何改动都会毁掉原初的建筑，而修复或重建只能留下一个"脆弱的、无生命的赝品"。莫里斯主张修复不应现定于某种风格，这不仅是对建筑作为艺术，同时也作为古代工匠劳动的成果的尊重。在SPAB的成立《宣言》中，莫里斯重述了拉斯金的建筑保护方法，并呼吁人们"用日常维护（Daily Care）来延缓建筑的衰坏，用支撑围墙、修理铅屋顶这些明显的措施来维护建筑于不倒，而不要用其他风格来掩人耳目。……老建筑是过往艺术的纪念物，由过去的方法建造，今天的艺术不可能干预它们而不造成伤害"。[①]从莫里斯发自肺腑的感言中，我们可以体会到拉斯金宁可让建筑有尊严地死去也不愿将其随意修复的心情，充分表达了拉斯金与莫里斯本人的态度。

在莫里斯受到社会主义思潮影响后，他越来越赞成公共的历史建筑具有教化人心的力量，莫里斯借用拉斯金名言提醒人们："这些古老的建筑不只是属于我们，它们曾属于我们的祖先，如果我们不欺骗它们，它们也将属于我们的后代。从任何意义上说，它们都不是我们的财产，我们只是后来者的受托人。"[②]与拉斯金一样，莫里斯在这里是将建筑视为一座历史的纪念碑，

---

① 陈曦. 建筑保护思想的演变 [M]. 上海：同济大学出版社，2016：231.原文参见：The Society for the Protection of Ancient Buildings. Notes on The Repair of Ancient Buildings [M]. The Committee Published, 1903：74.

② M. Morris. William Morris: Artist Writer Socialist [M]. Cambridge University Press, 1936：146–147.

而不再是一件艺术品。他们认为，只有真实的建筑才具有可能代表国家与民族的过去，而拆除与重建只能抹除和破坏历史发展的明证。此外，既然历史建筑作为国家或民族的公共遗产，其命运就不应该由教会、机构或建筑师决定，普通大众也应积极参与保护历史建筑的行动。

3．建筑作为艺术应是审美的

建筑作为艺术品的审美维度是多层次的。一方面，拉斯金认为，任何可以被看作艺术的、如画的、历史悠久的、古色古香的或实质性的东西都应该受到保护。或许老建筑的墙体随着时间的推移而变得斑驳，或者石阶由于常年站踏而磨损严重，其实它非但没有变得丑陋，相反，经过岁月的流逝而变得成熟，变得更加具有魅力和尊严，从而获得了一种如画之美。莫里斯赞同拉斯金对于历史建筑的如画审美感受，同样认为，如果一位泥瓦匠在刮掉这种时间的作品，并贴上一层外表刚刚切割下来的大理石，即使不是对原有建筑的亵渎，也是一种对时光的侮辱。即使历史建筑要进行必要的维护，那么这种维护也应以保持岁月痕迹为前提。另一方面，拉斯金与莫里斯同样认为所有建筑、任何时代和风格，只要是我们愉悦的，都应该以保存取代修复。尽管这句话是强调保护替代修复的主张，但其终极目的却不止于此。莫里斯让人们相信，保护不只是修复旧建筑的问题，而是通过了解和欣赏不同时代与风格的建筑去愉悦人们的心灵，陶冶人们的情操。

拉斯金在《建筑的七盏明灯》的第二版序言中曾说道：一般受过良好教育的人会对各种优秀的建筑做出四种情感上的反应，即情感欣赏、自豪欣赏、匠人欣赏、艺术和理性欣赏。[①]莫里斯也曾发出过类似看法，他认为人的快乐有三个源泉，其中之一便是在日常生活中发现美丽和浪漫的能力或习惯，而历史建筑便是日常生活中常见的艺术形式。在SPAB第12届年会发言中，莫里斯说道："艺术最伟大的一面就是历史建筑所代表的日常生活的艺术；这种享受，尤其是这种享受的习惯，在理性和有思想的人看来，是一种不会被意外、疾病

---

① （英）约翰·拉斯金. 建筑的七盏明灯［M］. 张璘，译. 济南：山东画报出版社，2006：6.

或悲伤夺走的快乐。"①莫里斯将欣赏日常生活中的建筑艺术视为社会人群获得满足与快乐的源泉，是具有理性与思想的社会群体的象征。

总体而言，莫里斯继承了拉斯金的建筑思想以及对待建筑的态度，即不以建筑的风格与形式作为判断建筑优劣的标准，而是将建筑作为时代的产物与人类劳动的成果进行全方位的价值分析，将情绪和感觉作为体验建筑的重点。莫里斯不仅仅是拉斯金的追随者，还是其理论的实践者与改进者。作为一名具有丰富实践经验的企业家，莫里斯的执行力超越和弥补了拉斯金作为纯粹理论家的局限性。因而，我们可以说，莫里斯与拉斯金在"反修复运动"以及"工艺美术运动"中的作用是相辅相成的。英国艺术评论家赫伯特·里德（Herbert Read）就曾指出，两者的不同仅在于气质而非智力，"莫里斯的美德在于……他基本上是一个以他全部热情把理论付诸实践，在实用物品中体现美，使观点系统化，注重实际的天才。"②正是莫里斯在实践拉斯金建筑思想的过程中将英国的历史建筑保护事业发扬光大，进而走出了与法国风格性修复不同的道路。

4.4　李格尔的价值体系建构

古迹对于当下的人们了解过去与提升审美有着重要的作用。文艺复兴时期的意大利人文主义者齐里亚科（Ciriaco de' Pizzicolli）就认为，古迹和铭文是比古典作家的文献更加可靠的关于古代的证据。同时，这些古代遗迹本身因具有某种艺术形式与风格，也可以被当代人所欣赏，并成为艺术家或建筑师模仿的对象。两个方面分别体现了文物古迹最初的两种基本价值形式，即："历史价值"与"艺术价值"。而不同的价值形式也有着不同的保护要求。前者源于人们现代历史观念的形成，将文物古迹视为历史曾经发生与存在的证明，其保护的核心是物品的完整性与真实性；后者则是古迹所具有的审美属性，其保护

① M. Morris. William Morris: Artist Writer Socialist [M]. Cambridge University Press, 1936: 146–147.
② （英）赫伯特·里德. 工业艺术的历史与理论. 张楠, 译. 技术美学与工业设计丛刊 [J], 天津: 南开大学出版社, 1986（10）: 229.

与修复需要与不断变化的审美需求相关联。

　　然而，正如同济大学陆地教授所指出的："由于所有建筑的修复都有一个切实的目的，并以某种方式被继续使用，仅仅复原建筑原有的、对任何人来说已经不再有任何实际使用价值的古老布局是完全不够的。"①由于同一古迹上的不同价值主张，其保护与修复也将有所差别，甚至意味着以损害另一价值形式为代价。因而古迹的保护从来都不是简单的物质性活动，常常被不同的价值观念所主导，这就需要一套完整的价值体系来对其进行分析与评价，并以此为依据制定出相应的保护策略。

4.4.1　纪念物的现代崇拜与价值体系建构

　　1903年，跻身奥地利皇家中央文物保护委员会主席的艺术史学家阿洛伊斯·李格尔（Alois Riegl，1857~1905）向当局提交了一份纪念物保护法草案，其"前言"部分便是那篇题为《纪念物的现代崇拜：其特征与起源》（*The Modern Cult of Monuments: Its Essence and Its Development*）的著名文章。在文中，李格尔首先对"Monuments"的概念进行了系统性分析，并结合自身的艺术史观念提出了一套相对完善的价值体系，从而为现代历史建筑保护体系奠定理论基础，并为实践中的价值分析与判断建立标准。

　　在看待纪念物上，李格尔抛弃了原有"历史纪念物"与"艺术纪念物"的两分法，而是通过观者对纪念物的感知与判断（即纪念物之于观者的价值）进行类型的划分。李格尔根据纪念物"是否被有意识地创造"从而将其划分为："有意为之的纪念物"（Intentional Monuments）与"无意为之的纪念物"（Unintentional Monuments）。②在他看来，对"有意为之纪念物"的崇拜古已有之，其产生源于一种精心的创造，是建造者意志的物质性表达；与"有意为之的纪念物"相比，李格尔更加关注于那些"无意为之的纪念物"，这类纪念物虽然不以纪念为目的而生，但它们同样具有纪念性的价值特征。李格尔认为，从

---

① 陆地. 风格性修复理论的真实与虚幻 [J]. 建筑学报，2012（6）：18-22.

② Alois Riegl. The Modern Cult of Monuments: Its Character and Its Origin [J]. Oppositions, 1982（25）：21.

对"有意为之的纪念物"崇拜到"无意为之的纪念物"崇拜是一个历史进化的过程，它由人们对于价值的认知方式，即"艺术意志"（Kunstwollen）所决定。①

　　李格尔以文艺复兴以来人们看待文物古迹的两个视角（"历史的"与"艺术的"）作为其建构价值体系的重要内容。在他看来"历史价值"是最为普遍的一种价值，"那些曾经存在、如今已经不再存在的事物"均具有这一特征，纪念物作为历史发展链条中不可取代和不可去除的环节，保存越完整，其价值越高。②与历史价值相比，艺术价值则要相对复杂。至19世纪，艺术史的主流学者始终认为古代艺术中存在着一种绝对美的标准，但李格尔对此表示怀疑。李格尔认为，任何一件古代艺术品毫无疑问的是一件纪念物，而一件纪念物也同样是一件艺术品。这是因为古代艺术品中所携带的艺术因素（形状、图案或文字）能够反映某些特定时期人们的审美观念，所以它必定在艺术发展史中占有一席之地，即一种基于艺术史的历史价值；但另一方面，这些古代艺术品也因自身的"概念、形式和色彩"等特质而依旧可以在当下被人们所欣赏，因此这些古代艺术品也同样具有一种"相对艺术价值"（Relative Art-value）。③

　　尽管"历史价值"与"艺术价值"是纪念物的两种重要价值形式，但李格尔认为这依然不是人们钟情于古物的全部因素。除了上述两种价值之外，人们还被一种基于历史的"记忆"所吸引。这种记忆并非仅来自"有意为之"的纪念物，相反它更多地存在于那些"无意为之"的物件中。具有这一价值特征的纪念物会在人们心中激起一种"生命循环"的感觉，一种从平凡中升起最后又归于平凡的特殊情感，而这便是"岁月价值"（Age-value）。④正是在区分历史价值与艺术价值的过程中，李格尔确定了岁月价值的形式，并在此基础上搭建起一套相对完整的纪念物价值体系（表4-1）。

---

① 李格尔生活的时代，正是将一切纳入科学范畴的时代，李格尔也将艺术史的发展看作是一种循序渐进，从简单到复杂的连续的线性发展过程，认为每个时代的艺术品都有其存在的价值。同时，李格尔还受到了康德先验哲学、黑格尔唯意志论，以及19世纪形式主义美学和心理学的影响。承认个体的创造性艺术冲动在艺术起源与发展中扮演着重要作用，并推动艺术由先验的、抽象的审美判断向知觉心理运作的理论转向，即一种"从触觉性艺术向视觉性艺术"的演进过程。
② Alois Riegl. The Modern Cult of Monuments: Its Character and Its Origin [J]. Oppositions, 1982（25）：21.
③ Alois Riegl. The Modern Cult of Monuments: Its Character and Its Origin [J]. Oppositions, 1982（25）：22.
④ Alois Riegl. The Modern Cult of Monuments: Its Character and Its Origin [J]. Oppositions, 1982（25）：24.

李格尔的纪念物价值体系 表4-1

价值类型			价值内涵	相应的保护措施
文物的价值	纪念性价值（往昔价值）	历史价值	作为历史证言，反映人类活动在历史演变中的特定阶段	尽可能保持文物的原始状态，并保存其在历史发展过程中的历史信息
		岁月价值	从产生到衰亡的周而复始的过程，源于人们对自然的欣赏以及对其规律的敬畏	反对干涉自然规律的演变过程，仅通过必要手段防止或延缓过早的衰败
		有意为之的纪念性价值	在建立之初就被赋予了特定目的，用以纪念或昭示某一事物的存在，因而需要尽可能长久地保存与展示	可以使用各种方法延续文物的原初状态，包括使用修复的手段
	现世价值	使用价值	维持文物在其物质方面的功用	通过维护、修补以满足使用功用的需求
		艺术价值 新物价值	保持形状与色彩上的完整性	通过保护措施或修复手段保证文物具有完整的形象
		艺术价值 相对艺术价值	人们依据当下的艺术意志去认识或感知文物	依据当下的艺术意志去修复文物，可以选择保留或去除岁月痕迹

（表格来源：作者自绘）

　　李格尔认为，纪念物的所有价值整体上可以分为"纪念性价值"（Commemorative Values）与"现世价值"（Present-day Values）两大类。其中，前者包括："历史价值"（Historic Value）、"岁月价值"与"有意为之的纪念性价值"（Intentional Commemorative Value），因为它们都是面向的过去（Past），所以"纪念性价值"也可以称之为"往昔价值"（Past Values）；后者则包括："使用价值"（Use Value）与"艺术价值"（Art Values），以及统属在"艺术价值"之下的"新物价值"（Newness Value）与"相对艺术价值"。其中，"艺术价值"较为特殊，并在一定程度上存在着"相对性"。一方面，文艺复兴之前，人们一般认为"美"存在着永恒与公认的范式，但随着主体审美的多样化与主观化，古典的审美范式不再一统天下；另一方面，人的审美过程都是当下行为（相对艺术价值），即使欣赏的对象是古代艺术品。因此，李格尔将"艺术价值"与看似毫无关联的"使用价值"都归于"现世价值"之中是有着深刻思考的。

4.4.2　李格尔与拉斯金的内在关联

尽管李格尔为文物古迹保护搭建起了相对完整的价值体系，并明确了"岁月价值"的概念，但这一价值体系的内涵却并非由李格尔独自建构，而是承续了拉斯金的建筑思想。尽管李格尔并没有在自己的著述中提到拉斯金及其建筑思想，但如果我们细致地对比两者关于古迹（包含纪念物及历史建筑）的观点，就可以清晰地看到在李格尔建构的高塔上是拉斯金的明灯在闪耀。

李格尔对于拉斯金建筑思想的继承潜移默化地体现在"历史观""真实性""审美观"以及"建筑作为国家遗产"等方面。如李格尔将"历史"定义为"那些已然发生的，现在不再发生的事物"，而纪念物的存在就是为了证明历史上的某个事实，构成的是历史发展链条上不可取代和不可去除的环节。[①]李格尔对于历史建筑的理解与拉斯金所说的"人们尼尼微的遗迹里捡拾到的一定比重建米兰所获得的更多"有着异曲同工之妙。[②]以李格尔的观点来看，纪念物最为重要的作用便是其"纪念性"，而这也是拉斯金在"记忆之灯"中所强调的"建筑比诗歌更具意义"的地方，即建筑的记忆功能。

拉斯金与李格尔都反对文物古迹的修复行为，并强调*"原初的物品是唯一可信的基础，为了满足更好的与更为一致的假设性重构需求，它必须保持原初状态"*。[③]因为，任何对文物古迹进行臆测与复原的行为都可能出错，修复不仅会造成岁月价值的消失，也同样会损害历史价值的可信度。文物古迹只有通过真实可信的状态保存，才可能实现其自身的历史价值。此外，基于历史真实性的现代观念，李格尔认为每个时代与每种文化均有其自身特殊的条件与要求，而艺术品正是在这些条件与要求中形成自身的特性。[④]因此，如果要准确定义艺术品的价值，首先就要对其存在的历史环境有所了解。

与拉斯金一样，李格尔同样将纪念性建筑物视为有机"生命体"，李格尔认为对于岁月价值的崇拜与纪念物保护是一种对立关系，人们不应该

---

① 陈平. 李格尔与艺术科学［M］. 杭州：中国美术学院出版社，2002：316.

② （英）约翰·罗斯金. 建筑的七盏明灯［M］. 谷意，译. 济南：山东画报出版社，2012：316.

③ Alois Riegl. The Modern Cult of Monuments: Its Character and Its Origin［J］. Oppositions, 1982（25）：34.

④ Jukka Jokilehto. A History of Architectural Conservation［M］. Oxford: Butterworth-Heinemann Educational and Professional Publishing Ltd, 2002：215.

干扰纪念物的衰败过程与历史面貌，最多采取一些防止其过早消亡的保护（Preservation）措施而已。^①李格尔与拉斯金同样尊重"自然规律的伦理观"，坚决地反对纪念物的修复与复原："有一件事必须要避免，那就是不要对纪念物的生命过程进行随心所欲的干涉。"^①李格尔坚持认为修复是一种亵渎自然规律的行为，且不应消除或修补自然施加在纪念物上的痕迹。二者并非不知道这种持续性衰败的后果，但都有着类似的信心：

其一，坚固的纪念物与人的生命相比其自然消亡的速度是缓慢的，不用为古迹的自然消损而担心。

其二，旧的纪念物会不断消亡，新的纪念物也会被不断地创造，从整体上形成纪念物的持续循环。

李格尔甚至还给出了乐观的预言："如果19世纪是历史价值的世纪，那么20世纪似乎就是岁月价值的世纪"。^②

最为重要的一点是，拉斯金对于李格尔的"岁月价值"理论的建构也起到过重要作用。可以说，是拉斯金为李格尔奠定了岁月价值的内涵。^③在"记忆之灯"中，拉斯金通过反复论述岁月流逝之于建筑而产生的"古色"与"痕迹"来建构如画之美的内涵，如"建筑的如画之美在于其腐朽，而崇高则在于其年岁"；"建筑因时间的渲染变得更加诱人，因年岁的增加而变得伟大"等。^④李格尔在《纪念物的现代崇拜：其特征与起源》中也指出，岁月价值形成于19世纪下半叶，正是拉斯金所生活的年代。就岁月价值的内涵而言，李格尔认为正是古迹的不完整与残缺不全，以及它的形状与色彩的分化对大众产生了吸引力。^⑤我们可以清晰地看到，李格尔的"岁月价值"与拉斯金的"如画之美"是完全对应的，李格尔的岁月价值核心就是拉斯金的如画之美。

---

① Alois Riegl. The Modern Cult of Monuments: Its Character and Its Origin [J]. Oppositions, 1982（25）：32.

② 陈平. 李格尔与艺术科学 [M]. 杭州：中国美术学院出版社，2002：325.

③ 在拉斯金《建筑的七盏明灯》的中文译本里"Age"往往被"年代""年岁"或"岁月"等，李格尔的"Age Value"在现行的中文翻译中也有"岁月价值"和"年代价值"等不同译法。从中文字意上来看，"岁月价值"是指文物古迹自诞生之日起至当下的时间过程，具有整体性与历时性的特征；而"年代价值"尽管有时间跨度上的特征，但似乎更侧重于文物古迹的产生时代，并对其过程中所持续积累的"痕迹"缺乏重视。相较而言，"岁月价值"的译法要比"年代价值"更加贴合李格尔的原意，因而本文除特殊注明之外均将"Age value"译为"岁月价值"。但无论如何翻译，两者所对应的均是"Age"这个词，即李格尔与拉斯金在核心概念上是一致的。

④ （英）约翰·罗斯金. 建筑的七盏明灯 [M]. 谷意，译. 济南：山东画报出版社，2012：311.

⑤ 陈平. 李格尔与艺术科学 [M]. 杭州：中国美术学院出版社，2002：328.

　　然而，两者并非所有关于纪念物的认识都是一致的。在人与古迹的主客体关系理解上李格尔与拉斯金似乎有着相异的理解。[1]拉斯金对待建筑的态度是拟人化的，以人性为标准看待建筑。而李格尔对待纪念物则持有一种所谓"科学式"的渐进观，相信艺术有其独立的发展与演变进程。但总体而言，拉斯金与李格尔之间存在着一种内涵与概念的关系，从某种程度上来说，是拉斯金为李格尔的价值体系赋予了内容与灵魂。

4.4.3　李格尔纪念物保护中的时间观

　　在看待时间的观念上，李格尔一直在追随拉斯金的脚步。尽管拉斯金没有形成对历史建筑的价值定义，但却对时间与建筑之间的关系进行了深入分析。当历史价值不断衰败，而岁月价值在不断上升时，也是一座历史建筑从有形与功用走向纯粹审美的过程。在对待建筑的具体态度上，李格尔则希望尽可能以科学的分析来协调各价值之间的冲突与矛盾，而这一点似乎并没有对拉斯金造成困扰。拉斯金相信，建筑的产生与消亡属于自然规律的一部分，尽管值得惋惜，但无可避免。因此，用心造好的当下建筑，细心守护祖先的建筑，而无须担心将来的建筑。拉斯金给出的这一类似"伊比鸠鲁式的回答"，对于（看着具有历史或纪念意义的古迹消失）大众来说却是难以接受的。[2]人们无法看着纪念物在自然与人为的破坏中变为尘土，因为人们都希望成为历史的真实见证者，而不是到此一游的看客。

　　基于情感表达，人们更愿意将建筑视为有生之物。然而，这只是一种拟人

---

[1] 法国建筑遗产保护专家弗朗索瓦丝·萧依博士认为李格尔所说的历史性纪念建筑所激发的情感与拉斯金在《建筑的七盏明灯》中所提"奉献之灯"的内容更加相近（原文参见：弗朗索瓦丝·萧依. 建筑遗产的寓意[M]. 寇庆民，译. 北京：清华大学出版社，2013：98.）。而本人则认为李格尔对于岁月价值的定义更多地吸取了拉斯金在"记忆之灯"中的观点。此外，意大利比萨大学的奥林匹亚·尼格里奥教授在其早年的学位论文中也有类似的结论，即在拉斯金与莫里斯第一次介绍和分析了"建筑价值"这一概念后不久便被李格尔在1903年发表的《纪念物的现代崇拜：其特征与起源》中加以吸收并发展。原文参见：Olimpia Niglio. John Ruskin: The conservation of the cultural heritage[D]. Kyoto: Kyoto University of Graduate School of Human and Environment Studies, 2013：9.

[2] 古希腊哲学家伊壁鸠鲁（Epicurus，公元前341~前270年）曾说过类似的话：死亡不是我所考虑的事。因为我们活着，死亡还没有来临；而死亡来临时，我们也不用考虑，我们已经死亡。内容参见：（美）弗兰克·梯利. 西方哲学史[M]. 贾辰阳，解本远，译. 上海：光明日报出版社，2014：113.

化的看法，建筑的产生与死亡过程并没有主体意识的参与。如果我们将建筑的存在还原为物的存在，那么我们就可以发现其不同时段的价值形式及其演变过程，即从"现世价值"向"往昔价值"的转变，以及从有形之物到无形之物的消弥过程。正是在这一过程中，各价值形式随着建筑的物质形态变化不断交替呈现或同时共存。因而，李格尔对于拉斯金的建筑生命观给出了新的解释，即建筑的坍塌不是建筑的死亡，而仅是一种生命形式向另一生命形式转换的开始（图4-17）。

在建筑物存在至消失的漫长过程中，时间是催化剂，而衰败是岁月价值开始显现的表征。因而，无论是"有意为之的纪念物"还是"无意为之的纪念物"都有其历史价值；无论外表损坏或完整都会引起人们的兴趣，尽管那些废墟已经丧失其完整的形式、布局或结构，历史价值也已经处于消失的边缘，但它仍然能够对我们发出强烈的吸引。所以，时间在古迹总体价值的形成过程中扮演了核心要素的角色，历史价值、岁月价值以及有意为之的纪念价值均构成了往昔价值的主要内容。

可以说，历史建筑保护与修复本身就是一个充满争议的话题，其原因在于无论保护，还是修复的都是具有"反时间"性特征。只是前者更加温和与保

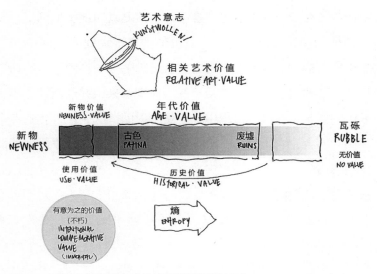

图4-17　李格尔价值论中"从新生至消失的过程"

（图片来源：http://www.eraarch.ca/wp/wp-content/uploads/2011/01/timeline.jpg）

守，而后者相对前者更加激进而已。因此，所有将历史建筑"博物馆化"与"文献化"的倾向有着潜在的危险。与可移动文物不同，所有冷冻式的保护方式必然会导致建筑使用功能的丧失，同时也意味着其"使用价值"的丧失；又或者仅将其作为文本对象进行保存，消除因时光流逝而应产生的岁月痕迹。如此种种，以物质"真实"（Real）为目的的保护，同样有违历史的"真实"（Truth）。

4.4.4　李格尔对岁月价值概念的拓展

1．如画美作为岁月价值的核心

以时间要素为前提的"历史价值"是纪念物固有的"存在"性价值。历史价值在一定程度上几乎决定了纪念物整体价值的高低，同时也是构成与衍生其他价值形式的重要变量。拉斯金在"记忆之灯"中指出："一栋建筑建成以后，要经历四五百年的岁月，才可以认为它来到了自己的黄金时期"。[①]同时，拉斯金不断强调时间的重要性："建筑最可歌可颂，最灿烂辉煌之处，着实不在其珠宝美玉，不在其金阙银台，而在其年岁。"[②]法国作家夏多布里昂（Francois René de Chateaubriand）也说过"只有历经几个世纪沧桑之变，熏黑的横梁上留下了历史的印记之后，这个古迹才会令人肃然起敬"的类似话语。[③]

与历史价值的理性推断不同，岁月价值的显现需要人类的主观与感性体验，那些充满岁月痕迹的建筑在观者心中激发起的是一种对于"生命"的理解与认识，用李格尔的话说就是特殊从一般中浮现出来，并逐渐地、不可避免地消融在一般中的感觉。在这一过程中，正是"时间"起到了催化的作用。就建筑中的"如画"而言，它不仅是一种美的形式，它还有显现岁月的功能。这种外化于本质的崇高除了给人以庄严肃穆之外，最重要的作用便是昭示时间。正是废墟中那些不甚清晰的结构与形式、符号与色彩引发了人们对于生命循环的思考，以及对于往昔的回忆。如李格尔所说："年代的痕迹，作为必然支配着

---

① （英）约翰·罗斯金. 建筑的七盏明灯［M］. 谷意，译. 济南：山东画报出版社，2012：312.

② John Ruskin. The Seven Lamps of Architecture［M］. New York: John W. Lovell Company, 1885：177.

③ （芬兰）尤嘎·尤基莱托. 建筑保护史［M］. 郭旃，译. 北京：中华书局，2011：175.

所有人工制品之自由规律的证明，深深打动着我们"。①古迹缺损部分造成的空白为我们提供了想象的空间，从而将观者与古迹更加紧密地联系起来。可以试想，当我们同时面对一座布满时光印记的千年古迹与一座已然破败的当代建筑时，前者会引发我们的怀古豪情（图4-18），而后者只会引起我们对于这座建筑遭遇如此劫难的思考（图4-19）。

　　或许有学者认为保护岁月价值的目的在于"揭示建筑物发展的历程和时间的进程"。②但很明显，李格尔在这里是想让人们了解岁月价值的真正意义，其保存建筑上的自然或人为痕迹并不是最终目的，而是由这些痕迹所引发的心理感受；"揭示建筑物发展的历程和时间的进程"不是岁月价值的责任，而是揭示"对于生命循环的醒悟与感叹"。李格尔希望人们通过观赏那些岁月印记引发人们的怀古幽思，从而制造一种对于古代或过去的想象。甚至，李格尔将岁月价值定性为一种建立在历史纪念物上的一种"必要的恶"（Necessary Evil），是对于历史价值的"有意侵蚀"（Conscious Corrosion）。③它以牺牲部分历史价值为代价，换取普世意义上的"真实"，以及符合自然规律的审美感受。

　　当然，并非所有衰败的建筑都要成为废墟，或所有的废墟都有保留的价值。而是那些具有特殊意义或重要纪念价值，并在历史发展进程中见证了时代变迁的建筑在沦为废墟后才有保护的意义。同时，从整体情况来看，其残损状态的价值要高于其完整状态下的价值。④

　　就"岁月价值"的大众意义而言，李格尔认为人们对于"岁月价值"的认识要比"历史价值"早得多，它是伴随着人们对于"历史价值"的重视而显现的，那些"有意为之的纪念物"的价值也是通过历史价值走向岁月价值而实现的，并构成了18世纪以来个体解放的一部分。这也是李格尔为什么反对将岁月价值仅作为历史价值延伸的意义所在。或许正如陈平教授所说，文物的历史价值是一种学者文化，对历史价值的认同需要科学的历史知识为基础，需要通过

① 陈平. 李格尔与艺术科学 [M]. 杭州：中国美术学院出版社，2002：328.
② 李红艳. 解读李格尔的历史建筑价值论 [J].建筑师. 2009（4）：43.
③ 陈平. 李格尔与艺术科学 [M]. 杭州：中国美术学院出版社，2002：320.
④（意）卡西娅. 欧洲建筑遗产修复的方法与技术 [M]. 许樾，李婧竹，蒋维乐，译. 武汉：华中科技大学出版社，2015：38.

图4-18　罗马卡拉卡拉浴场（Baths of Caracalla），2014年摄
（图片来源：https://www.tourinrome.com/it/terme-di-caracalla/）

图4-19　波兰摄影师安娜·米卡（Anna Mika）拍摄的废弃建筑，2015年摄
（图片来源：https://melissahague.wixsite.com/photography/single-post/2015/12/
14/Anna-Mika）

反思才能获得；而年代价值是一种大众文化，它直接诉诸人们的情感，通过视知觉便可感悟。①

2．如画审美与岁月价值判断

李格尔认为人们现在对于废墟的认识与17世纪的废墟画家不同，"尽管表面相似，但现代崇拜废墟的倾向与早期的废墟崇拜存在着根本的区别"②。在李格尔看来，早期人们将废墟视为罗马强大力量与帝国辉煌的象征，画家们通过描绘废墟将古代的伟大与现代的堕落之间那"巴洛克式伤感"（Baroque Pathos）传达给观者，从而引发一种哀婉的审美情感或痛苦的迷思，同时触发人们去保护这些古迹的愿望。至于当下，人们更愿意将"岁月痕迹"视为自然规则支配所有人工制品的证据，在自然面前体验生命易逝的伤感。③

在如画之美的构成上，李格尔的"巴洛克式伤感"与拉斯金的"寄生的崇高"在内涵上存在着一定的差异。李格尔与拉斯金的共同之处在于，两者均认为"如画之美在于它无所不在的腐化、衰败与颓废"以及"人类因在时间面前的无力而产生的伤感"。两者的不同之处则在于，作为艺术评论家的拉斯金将如画之美内涵的另一组成部分解释为"包含了人们战胜死亡的威胁所产生的崇高感"，而作为艺术史家的李格尔更多地将如画之美理解为"凋谢了的繁华与美好使人产生的哀婉"。

在如画之美的特征上，拉斯金与李格尔有着相似性。二者均认为，当原有建筑特征开始逐渐消失，墙体布满裂痕、破洞与藤蔓，但仍能呈现出原有面貌与形式时，如画之美方始显现。然而，从本质上看，如画之美其实是两种力量相较的结果，它以一方侵入另一方为开始，以一方完全占领另一方为结束，如画之美就产生于两种力的较量过程中。换言之，即当属于建筑的、本质的、完整的形式美被附加的、表象的、衰败的残缺美所侵袭时，如画之美开始产生；当形式美被残缺美完全侵蚀时，则一切归于虚无，所有美的形式都将消失。因此，如画之美需要在完整与消失之间维持一种平衡，所以它只能在废墟和残垣

---

① 陈平．李格尔与艺术科学［M］．杭州：中国美术学院出版社，2002：83.
② 陈平．李格尔与艺术科学［M］．杭州：中国美术学院出版社，2002：327.
③ 陈平．李格尔与艺术科学［M］．杭州：中国美术学院出版社，2002：328.

断壁中才能寻得。

对此，法国建筑历史与理论学者弗朗索瓦丝·萧伊（Francose Choay）在其《建筑遗产的寓意》（*L'Allégorie du Patrimoine*）中继承了拉斯金与李格尔的看法，同时也认为，是浪漫主义绘画激发了人们的"艺术愉悦"（时间在人造的建筑上添加印记，并转化为斑驳的痕迹时，可使浪漫情怀的心灵感到愉悦），这种愉悦便是由"如画之美"引发的一种心理感受活动："比起完好状态下的建筑，只剩下墙壁的坚固城堡，只存在骨架的哥特式教堂，更能显示出最初建造它们时的力量。而侵蚀性的青苔，拆散屋顶并拔出墙壁石块的蔓生野草，一个罗曼式教堂大门上面容被侵蚀的使徒像，则又使人们看到破坏和死亡是这个仍令人赞叹的开始的结局。"①

如画之美是一种基于时间的心理活动，再次回顾历史，我们可以看到如画之美的发展历程，其实也是岁月价值的形成过程。它最初产生于17世纪法国风景绘画中的建筑物所表现出的一种衰败迹象，破败的建筑与周边的自然景观融为一体，画面的明暗与色调也都以表现这种效果为目的。艺术上的审美倾向逐渐影响了人们对于园林景观的认知，同时对于园林中的建筑物也产生了审美意识上的转换。人们逐渐将建筑物作为引发人们愉悦情感的手段，而这与古物学家或历史学家将建筑视为"证物"的视角完全不同。因而，相对于纯粹的艺术审美活动，岁月价值的内涵更加复杂，其中既包含了对于完整艺术品的形式审美，又包含了对于残缺的伤感审美。此外，还有观者对于往昔的历史想象，以及对于自我身份与归属的思考。人们对于"岁月痕迹"的欣赏已经从一种外在的形式审美，进而演化为一种对于生命的观照。

不幸的是，李格尔的价值体系超出了他所在时代人们对于古迹的整体认识，岁月价值似乎并没有在20世纪成为最重要的价值类型。然而，这并不是说"岁月价值"是没有价值的价值，而是认识这一价值的时间还未真正到来，时至今日，这一价值形式依然没有被人们所充分认识。

---

① （法）弗朗索瓦丝·萧伊. 建筑遗产的寓意［M］. 寇庆民，译. 北京：清华大学出版社，2013：74.

4.4.5　李格尔的价值矛盾及其协调方式

李格尔在搭建起价值论框架的同时，也引发了不同价值间的潜在矛盾。在李格尔的价值论中，我们可以发现两种不同的价值认知方式：一种是通过知识的积累与理智的判断而认识的价值，包括历史价值、有意为之的纪念价值、使用价值；另一种则是通过情感的体验而理解的价值，包括岁月价值与艺术价值，以及归于后者之下的新物价值与相对的艺术价值。前者（知识型价值）因具有一定的客观性可以得出较为清晰的结果，而后者（情感型价值）则因其主观性难以得出统一的结论。尽管李格尔认为任何特定的保护措施都可能被视为对纪念物自然生命历程的干涉，但他依旧相信可以在价值的全面分析中尽可能调和各价值间的冲突和矛盾。

李格尔认为在所有的价值矛盾中，"历史价值"与"岁月价值"的关系最为普遍，也最为暧昧。如前所述，历史价值是纪念物价值中最为古老也最为重要的价值，其价值核心在于保持真实性。正如拉斯金为保持建筑的真实性而反对修复一样，[1]李格尔也强调"原初的物品是唯一可信的基础，为了满足更好地与更为一致地假设性重构需求，它必须保持原初状态。"[2]一方面，在二人看来任何对文物古迹进行臆测与复原的行为都可能出错，文物只有以真实可信的状态保存，才可能实现其自身的历史价值；另一方面，与历史价值的显现需要建立在对客体知识的系统研究与积累之上不同，岁月价值的认知不需要观者具有深厚的历史知识，而是基于人类的情感体验，它直接源于人类对于时间的赞赏，它既不需要观察的对象处于完整状态，也不需要以当下的"艺术意志"看待古人的艺术思想。因而，岁月价值在某种程度上已经超越历史与真实的束缚，这也是李格尔之所以推崇于岁月价值的地方，即普通大众也可以通过感知与体验而直接与纪念物发生情感联系。

按照李格尔对于各价值的定义，"历史价值"需要体现纪念物原有的建造

---

[1] 拉斯金反对修复的目的在于防止人为干扰对历史建筑的真实性造成破坏，同时也防止其艺术价值的平庸化。历史价值与真实性是古迹保护的第一要义，古迹中存在的不足与缺陷应该被保留，因为它恰恰是历史的真实呈现。

[2] Alois Riegl. The Modern Cult of Monuments: Its Character and Its Origin [J]. Oppositions, 1982 (25): 34.

以及演变过程中的历史信息；而"岁月价值"的实现需体现时间的作用，既要保留已有的岁月痕迹，又不反对将来可能新增的痕迹，直至纪念物的物质本体腐朽老化而彻底消失。从价值的性质上来看，岁月价值虽然在某种程度上与历史价值存在对立，但岁月价值却又无法脱离历史价值而独立存在。纪念物在不同历史时段的信息均是以各种形式的痕迹加载于纪念物本体之上的，岁月价值是历史价值的延伸。两种价值对古迹的保护状态发出了相异的要求，岁月价值要求保留古迹上的历史痕迹，即使它们要对古迹本体造成一定程度的伤害；而历史价值则要求古迹处于一种相对完整的状态，残损的出现会导致历史信息的缺失，降低历史价值的含量。就其具体协调方式而言，李格尔给出的答案是："对于年代久远的历史建筑我们关注的是历史价值，对年代较近的历史建筑，我们关注的是使用价值以及岁月价值"[①]。对已经丧失使用功能且呈现为废墟状态的古迹来说则应"尽量延缓衰败，缓和价值冲突"，即在保证岁月价值的基础上，维持古迹的废墟状态，并延缓其衰败的速度。因为在历史建筑沦为废墟之前，其仍具有"使用价值"，而"历史价值"也是其主要价值形式之一。但在历史建筑丧失使用功能并沦为废墟后，历史价值会逐渐消失，而审美价值则会上升为主要价值。

当然，并非所有的价值都存在矛盾，不同价值间也存在着并存、互补或转换的可能。如"使用价值""有意的纪念价值"与"岁月价值"间就存在着上述关系。有意纪念物是对某一事件的铭记，其初始目的便是长久地存在。当纪念物在岁月中不断遭到磨损，当那些记录事件的字迹模糊到无法辨认，那个有意纪念物也会沦为"无意纪念物"，其有意的纪念价值便会消失。因此，这也就要求不断地对"有意纪念物"进行修复，以保持其最初长存的目的不被改变。至于"使用价值"，则对于正在使用的建筑而言有较为明确的要求，即应满足建筑坚固与安全方案的考虑。然而，对于那些已经丧失使用功能且沦为废墟的建筑而言，则需参考其坐落的位置以及所具有意义而进行具体判断。可以试想，一座暴露于荒野的中世纪教堂废墟可能具有如画的品质，如果所处环境是高楼林立的城市则可能更多地给人以疑惑，但如果这座废墟是被人刻意为

---

① 陈平. 李格尔与艺术科学［M］. 杭州：中国美术学院出版社，2002：64.

之，那么其意义则又另当别论。德国柏林纪念教堂（Gedächtniskirche）便是上述情况的典型写照。教堂建于19世纪末，威廉二世以纪念其祖父德意志帝国第一任皇帝威廉一世之名在柏林建造（图4-20）。教堂主体后毁于1943年的盟军轰炸，战后德国人为了警示战争，所以没有修复教堂。1957年，除68米高的教堂钟楼作为战争遗迹得到保留外，其他建筑残骸因为新教堂建设提供场地而被全部拆除。现在教堂的废墟仍矗立在城市中心，成为纪念第二次世界大战的纪念碑（图4-21）。教堂的主要价值也经由最初建成时的"使用（宗教）价值""有意为之纪念性价值"，转化为现在的"历史价值""岁月价值"以及"无意为之的纪念性价值"。

在感性审美价值方面，"艺术价值"与"岁月价值"虽然价值形式相同，但却因为其价值形式的要求而产生相反的保护需求。特别是"艺术价值"中的"新物价值"往往因文物古迹的特殊性（如宗教信仰）而成为保护实践中最具

图4-20 第二次世界大战前的德国柏林的威廉皇帝纪念教堂（Kaiser Wilheim Gedhtniskirche），1930年摄

（图片来源：https://pastvu.com/p/614261）

图4-21　现在的威廉皇帝纪念教堂，2013年摄

（图片来源：https://de.wikipedia.org/wiki/Kaiser-Wilhelm-Ged%C3%A4chtniskirche）

争议的类型。所以，在面对宗教文物时除考虑历史价值、岁月价值外，还应兼顾宗教价值与使用价值的需求。

此外，其他诸如"新物价值""有意的纪念价值""使用价值"与"历史价值"等价值形式间也存在着不同程度的矛盾，需要依据纪念物的具体保存状况、所处社会、文化背景进行综合分析才能做出最终判断。然而，并非所有价值间的矛盾都能找到完美的协调方法，甚至有时某些价值的保留需要以牺牲其他价值作为代价。如当面对"有意为之的纪念物"时，或许最好的办法就是将其修复（Restoration），而不是因"岁月价值"而让纪念物处于损坏状态。

总而言之，李格尔的价值体系在帮助人们理清古迹价值的同时，也使得各价值间的联系更加紧密与复杂，从而也增加了解读时的困难。每项建筑保护措施的制定都需要进行细致的价值分析与阐释，而没有固定的模式进行套用。

4.5　拉斯金建筑保护理论的传播与影响

从拉斯金的早期呼吁，到莫里斯及SPAB的修复实践，"反修复运动"使英国民众重新思考了历史建筑的价值与作用，同时也为现代英国建筑保护理论的发展开辟了新的道路。至19世纪末，"反修复运动"开始跨过英吉利海峡进而影响欧洲大陆的历史建筑保护活动。

此前，紧邻法国的荷兰依然受到由维奥莱·勒·杜克开创的"风格性修复"理念的影响，当荷兰准备再次以此方式修复荷恩市（Hoon）的一座16世纪城门时，他们引起了英国历史学家詹姆斯·威尔（James Weale）的关注。对此，威尔借用拉斯金的观点对这一修复行为进行了批评："*这些建筑师未尽最大的努力去保护原迹，其所作所为无非是对岁月原迹进行破坏，把原迹搞得面目全非。*"[①]比利时布鲁塞尔市长兼修复实践理论家查尔斯·布尔斯（Charles Buls）也试图综合维奥莱·勒·杜克与拉斯金的观点，希望在"风格性修复"

① 约翰·H.斯塔布斯，艾米丽·G.马卡斯. 欧美建筑保护：经验与实践 [M]. 申思，译. 北京：电子工业出版社，2015：115.

与"最小化干预"之间寻求平衡。布尔斯于1903年出版《古代历史建筑修复》（*Restoration of Ancient Monuments*）一书，书中提出了历史建筑的"死"（Dead）与"活"（Live）概念。布尔斯认为，"死"的历史建筑是过去的缩影，具有重要的文献价值，需要的是保护，其方法是加固，而非复原；而"活"的历史建筑具有使用功能，需要的是修复，以及去除历史在其身上积淀下的"糟粕"，还原其原有状态，其方法是复原，而非重建。[①]

在英国反修复理念的影响下，荷兰考古联盟在1917年推出了《历史建筑保护、修复、扩建的原则与规定》（*Principles and Regulations for the Preservation, Restoration, and Extension of Old Buildings*）一书，其主要观点与内容则是对拉斯金观念的再次陈述。在英法双重观念的影响下，荷兰的历史建筑保护希望兼具"历史真实"与"风格统一"两种特征，而这一做法与隔法国相望的意大利形成了南北呼应。

总体来看，拉斯金及莫里斯的理论实践过程对于世界现代建筑保护发展产生了重要推动作用，其中包括：

（1）清晰化了历史建筑保护与修复的目的，拓展了从"修复"到"保护"的新路径，为现代建筑思想与保护观念奠定了理论基础。

（2）反修复运动抵制了风格性修复的蔓延，破除了"整体"与"统一"古典审美在历史建筑修复中的主导作用。

（3）拉斯金与SPAB对于真实性概念的建构起到了重要作用，论证了真实的不同维度，探讨了历史性、艺术性、道德性，以及技术性真实的内涵。

（4）拉斯金对于历史建筑中"如画之美"的论述，推动了英国的历史建筑保护理念的更新，并启发了李格尔的"岁月价值"建构。

（5）拉斯金的七盏明灯为李格尔的价值体系建构提供了参考与借鉴。拉斯金对真实、美、记忆、生命等概念的阐释也为李格尔的历史、艺术、纪念、岁月等主要价值形式提供了内涵。

（6）拉斯金的反修复观念启发了卡米诺·博伊托（Camillo Boito）、古斯塔沃·乔万诺尼（Gustavo Giovannoni）以及切撒莱·布兰迪（Cesare

---

[①] 约翰·H.斯塔布斯，艾米丽·G.马卡斯. 欧美建筑保护：经验与实践 [M]. 申思，译. 北京：电子工业出版社，2015：115.

Brandi）等诸多意大利现代保护理论家，为现代建筑保护理论的建立提供了重要参照。

本章小结

拉斯金的保护理念饱含浪漫主义情结，且充满了崇高与忧伤气质。他宁愿建筑在岁月中变为废墟，也不愿人们进行过多的干预。总体来看，拉斯金所倡导的历史建筑保护原则本质上是一种静态保护观，即它以日常维护与较少的人为干预为原则，尽可能地延续建筑的存在。作为一名艺术评论家，拉斯金缺乏具体的建造知识与实践经验，其建筑思想与修复理念往往过于理想，缺乏落地的可能。即使今天来看，拉斯金的建筑保护思想仍有过于激进之嫌，而这也是他不断遭到反对的关键所在。莫里斯的出现则恰好弥补了拉斯金的缺憾，通过SPAB近一个半世纪的不懈努力，拉斯金的保护观念得到了广泛的传播与认可，并成就了英国与众不同的建筑古迹保护之路。此外，拉斯金的建筑保护思想也借由英国的经济与文化繁荣影响了现代历史建筑保护的发展方向，为李格尔的价值体系建构提供了丰富内涵。

第 5 章

拉斯金建筑保护理念的
启示与思考

　　作为一个历史悠久的文化大国，我国有着丰富的建筑遗存，但随着时间的流逝，这些古迹也正遭受着自然的侵蚀与人为的破坏。[①]当前，随着我国城市建设逐渐放缓，已经进入新的存量时代，大众的保护意识与城市管理制度也已经获得明显提升。然而，尽管那些对于历史建筑的故意毁坏行为已经大幅减少，但破坏性修复的情况却时有发生。[②]究其原因，则往往源于主观经验与保护理念间的错位，以及缺乏价值认知与阐释的深度。

5.1　拉斯金建筑保护思想的启示

　　经过一个多世纪的理论探索与实践积累后，我国已经建立了较为完善的历史建筑保护体系。然而，随着文化遗产形式的多样化以及价值观念的变迁，我们当下的历史建筑遗产保护仍然存在着诸多问题需要解决，如在具体保护实践中我们越来越重视"技术性真实"的表达，从而忽略了历史建筑的情感价值与审美价值；对于"真实性"的理解依然存在着差异，也是学术界经常辨析与讨论的重要议题。[③]此外，对于历史建筑的价值挖掘与阐释仍存在着不足。历史建筑保护除了技术与材料问题外，很大程度上与历史、社会、传统、审美、道德等文化因素息息相关，而这也是我们为什么要与时俱进，适应社会发

---

① "破坏"在这里有着双重含义：其一，过去三十年，大批历史建筑没有得到有效保护，在快速的城市建设过程中遭到拆除或损毁；其二，在历史建筑保护、修复或改造过程中，由于理念或方法问题致使许多优秀的历史建筑遭到破坏性修复，甚至丧失了基本的历史价值与真实性。

② 罗哲文. 古建筑维修原则和新材料新技术的应用——兼谈文物建筑保护维修的中国特色问题 [J]. 古建园林技术，2007（03）：30.

③ 张成渝. "真实性"和"原真性"辨析 [J]. 建筑学报，2010（S2）：55–59.

展需求，不断更新保护观念与保护方法的原因。

1. 历史建筑的价值发掘与阐释

价值判断与历史建筑保护之间有着直接的因果关系，不同的文化与价值观念则直接影响保护与修复方式，遗产价值分类以及价值的阐释便成为历史建筑保护的前提。然而，价值是一种主观性行为，人们对于事物价值的追求存在着多重差异。正如《文化遗产地解说与展示宪章》所提示的："它们（建筑遗产）代表着每一代人的这样一些视角：什么是有意义的？什么是重要的？为什么应将过去的物质遗存传递给将至的后人？"[①]同一座建筑在不同的时代所呈现出的价值有所不同，同一座建筑对于不同的国家、民族、阶层和群体也存在着意义上的差别，甚至不同的学者也有着不同的价值视角与价值判断。

前文已述，李格尔将文物古迹的价值划分为：历史价值、岁月价值、有意为之的纪念性价值、使用价值、艺术价值等五种主要价值，以及新物价值与相对艺术价值两种次级价值。国际古迹及遗址理事会前主席、英国学者贝纳德·费尔登（Bernard M. Feilden）将建筑遗产价值分为：文化价值、情感价值和当代社会—经济价值三大类型。[②]而澳大利亚经济学家戴维·思罗斯比（David Throsby）教授则将建筑遗产的价值分为：经济和文化两个大类，其中文化价值还可细分为：美学价值、精神价值、社会价值、历史价值、象征价值以及真实价值等。[③]此外，国际古迹遗址理事会中国委员会与澳大利亚委员会合作，于2000年制定了《中国文物古迹保护准则》，并配合《中华人民共和国文物保护法》明确了我国文物古迹保护的最终目的，并确定了符合我国国情的

---

① 《文化遗产地解说与展示宪章》经ICOMOS第16届会员大会于2008年10月4日在加拿大魁北克批准通过，此宪章以解说与展示遗产地信息为基本准则，同时也将解说与展示作为提高公众欣赏、理解文化遗产地的一种手段。原文详见：西安市文物保护考古研究院，联合国教科文组织世纪遗产中心，国际古迹遗址理事会等．国际文化遗产保护文件选编（2006–2017）[M]．北京：文物出版社，2020：42.

② 费尔登的具体价值内容为："文化价值"包括，纪录；历史；考古学价值、年岁价值和稀缺性；审美与象征价值；建筑学价值、城市景观；地貌景观和生态学价值；技术和科学价值。"情感价值"包括，惊奇；认同；延续性；尊敬与崇拜；精神与象征价值。"使用价值"（当代社会—经济价值）包括，功能价值；经济价值（包含观光）；社会价值（也包含认同与延续性）；教育价值；政治和民族价值。原文参见：Bernard M. Feilden. Conservation of Historic Buildings [M]. Architectural Press, 1994.

③ （澳）戴维·思罗斯比．经济学与文化 [M]．北京：中国人民大学出版社，2011：91.

三项基本价值。2015年，我国对《中国文物古迹保护准则》进行了重新修订，依据社会发展与文化振兴需要，增加了"社会价值"与"文化价值"两种价值形式，作为对原有"历史价值""艺术价值""科学价值"三种价值的完善与补充，从而构成了当下我国文物古迹保护的五项核心价值。①

　　基于上述分析，我们可以发现历史建筑的价值形式是动态的、不断变化的，我们不能从单一的、固化的视角进行价值的发掘与阐释，而是需要多重视角的持续性解读。然而，尽管新版《中国文物古迹保护准则》的五项价值已经拓展了文物古迹的价值范畴，但依然没有对审美、宗教、情感、纪念、经济等价值形式给与足够的重视。以至于我们在制定具体保护方案过程中只能不断强调文物古迹的"见证"作用（历史价值），并不断地通过技术和管理措施强化其"真实性"与"完整性"，从而逐渐将自身带入到以"科学修复"为主导的误区之中。并在某种程度上，让"历史真实"与"技术真实"取代了"岁月真实"与"道德真实"。

　　在价值的发掘上，拉斯金或许更具先见之明。早在一个半世纪之前就已经认识到了建筑的多重价值（"七盏建筑明灯"既是建筑的七种建造原则，也是建筑的七种价值形式），并在其著作中早已言明建筑完全是"思想的产物"，具有"国民性"，是"所属国家主要精神气质的高度一致和联系"。②同时，拉斯金强调建筑具有"民族重要性"，并提示人们应重视建筑所具有的教育价值，人们"应从过去中学到什么"。③尽管拉斯金的保护理念和我国的文化背景以及当下的保护理念都存在着差异，但建筑作为历史记忆的载体以及在社会发展中的作用没有改变，因而保护历史建筑的意义也没有发生本质变化。时至今日，或许拉斯金所重视的某些价值在今天看来已经削弱，甚至已经不再具有价值，但拉斯金对于历史建筑的价值发掘却有着重要的参考意义。

---

① 2015版《中国文物古迹保护准则》中的五项价值分别阐释为："历史价值"仅为"文物古迹作为历史见证"；"艺术价值"也仅作为"人类艺术创作、审美趣味、特定时代的典型风格的实物见证"；"科学价值"是指"文物古迹作为人类的创造性和科学技术成果本身或创造过程的实物见证"。新增的"社会价值"与"文化价值"涉及了不同文化群体的记忆、情感与教育的内容，并在具体的阐释中分别强调了文物古迹"在知识的记录和传播、文化精神的传承、社会凝聚力的产生等方面所具有的社会效益和价值"，以及"体现文化多样性特征、内涵，以及非物质文化遗产"等方面所具有的价值。

② （英）约翰·罗斯金. 建筑的诗意 [M]. 王如月，译. 济南：山东画报出版社，2014：1.

③ （英）约翰·罗斯金. 建筑的七盏明灯 [M]. 谷意，译. 济南：山东画报出版社，2012：283.

2．审美价值与情感价值的呈现

当下我们已经建立了较为成熟完善的历史建筑保护体系，以及多种形式的保护与修复原则，诸如"真实性""完整性""可逆性""最小干预""合理利用""日常保护""原址保护"等。虽然，这些原则在一定程度上可以保证历史信息的真实呈现，并延长建筑的存世时间，但它们并不能证明价值选择与保护方式的正确性与合理性。总体而言，我们今天的遗产保护理念与实践仍然是以历史价值的呈现为核心，尽管也重视其文化价值与社会价值的作用，但在一定程度上我们仍然忽视了岁月价值、艺术价值、美学价值等精神与情感类价值。

或许我们在日常生活中常常被破败的老建筑所呈现出的沧桑感所打动，但在具体保护或修复过程中却常常忽略这一点。无论是传统木构建筑，还是近现代的砖石建筑，大部分最终都是将"修旧如新"（图5-1、图5-2）作为最后的选择。究其原因大致源于两个方面：其一，由于历史价值作为文物古迹的基础性价值权重较大；其二，历史价值本身具有一定的客观性，并有诸多共识性原则加持，因而更容易获得专家的认可。

图5-1 修砌一新的颐和园墙并没有留下原墙痕迹，2015年摄

（图片来源：http://blog.sina.com.cn/s/blog_14bafaa2f0102wjml.html）

图5-2　颐和园西门的修复展现出"修旧如新"之貌，2015年摄
（图片来源：http://blog.sina.com.cn/s/blog_14bafaa2f0102wjml.html）

　　然而，随着我国经济的发展与大众审美能力的提升，我们对于历史建筑的价值需求已经不再局限于历史的真实与完整的呈现，人们越加关注历史建筑的艺术与审美价值。对于如画之美的钟情，必将人们引向对于岁月价值的追求。特别是对于近现代以砖石为主的建筑来说，保留"岁月痕迹"或许比历史价值的完整呈现更加重要，全面修复的建筑往往会因"痕迹"的消失而失去引发观者想象的线索。因此，在历史建筑的价值判断过程中应根据实际情况适当增加艺术、审美与情感价值的权重。特别是那些历史价值不高，但却能引发人们审美及精神活动的近现代建筑遗产，应更多地保留岁月痕迹，而非将其修复至完美的历史状态（图5-3、图5-4）。反观拉斯金所倡导的"保护而非修复"以及梁思成早年提出的"整旧如旧"原则反而更具审美价值。[①]或许对于我们来说，李格尔所预言的岁月价值的世纪并没有消失，而只是晚来了一个世纪。

---

①　1964年，梁思成先生在《闲话文物建筑的重修与维护》一文中谈及"整旧如旧"与"焕然一新"观念时认为："直至今天，我还是认为把一座古文物建筑修得焕然一新，犹如把一些周鼎汉镜用擦铜油擦得油光晶亮一样，将严重损害到它的历史、艺术价值。这也是一个形式与内容的问题。……我认为在重修具有历史、艺术价值的文物建筑中，一般应以"整旧如旧"为我们的原则。这在重修木结构时可能有很多技术上的困难，但在重修砖石结构时，就比较少些。"（此处原文参见：梁思成. 梁思成文集 第五卷［M］. 北京：中国建筑工业出版社，2001：441.）这里"整旧如旧"并非其字面意思，而是包含了"技术"与"效果"两个层面的问题。前者是关于历史价值与真实性问题；而后者则是艺术价值与审美问题。然而，学界对梁先生的"修旧如旧"的说法存在着多种解释。据林洙女士回忆，1963年梁先生在扬州做报告时曾打过一个非常形象的比喻：梁先生因上年纪牙齿掉完了，在美国装假牙时，医生没有选择纯白色，而是选了一副略带黄色且排列略稀松的牙齿。因此看不出是假牙，而将其称之为"整旧如旧"。作者认为这个比喻似乎不太恰当，这种"整旧如旧"更像是做旧，是一种视觉观感上的统一。毕竟所修之物与原物没有任何关系，因而也没有真实性可言。（此处原文参见：林洙. 建筑师梁思成［M］. 天津：天津科学技术出版社，1996：183.）

图5-3 上海石库门（新天地）修复并改为商业街区，2016年摄

（图片来源：https://dp.pconline.com.cn/sphoto/list_1952329.html）

图5-4　修复后的武昌军政府大楼，2016年摄
（图片来源：http://news.cnhan.com/html/shehui/20161010/740766.htm）

3. 保护制度与民间组织参与

从世界历史建筑保护发展模式来看，英国始终保持着一种较为独特的个性。与大部分国家的政府主导模式不同，英国以民间团体与国家信托相结合的方式建构了一套行之有效的遗产保护与管理体系。①19世纪中叶之前，英国在历史建筑修复多是私人或宗教团体来进行组织，也没有相关的法律条文对此进行约束。英国第一部真正意义上的法律是1882年颁布的《古迹保护法》（*Ancient Monuments Act*），同时受理了21项古迹归国家管理。1900年通过的《古迹保护法修正案》则将保护内容扩大到住宅、庄园等有历史意义的建筑方面，保护规模扩大至400项。此后，英国在近百年的发展过程中不断完善法律制度与保护体系。

---

① 当前英国参与古迹保护与管理的政府机构分为三部分：中央政府、地方政府和官方咨询机构。中央政府，现在由"文化、媒体与体育部"以及"艺术图书馆部"负责文化遗产相关法律的制定与审核工作；地方政府，在中央政府和"英格兰遗产"的监督下，地方官员和有关规划单位担负着核准开发规划、审批历史建筑物及保护区变更申请、古建维修以及提供维修经费等事宜；官方咨询机构：在文化、媒体与体育部下面，分设有8个顾问委员会，分别为政府文化遗产保护工程提供技术咨询。

英国是拥有建筑遗产数量较多的国家之一，^①民间组织则是英国遗产保护体系形成的推动力量。从1877年莫里斯创建SPAB至今，英国拥有各种全国性及地方性保护组织已达千余个。数量众多的民间保护组织，以及民众自发的保护意识与积极参与是这套体系得以建立的基础。其组织按照服务类型大致可分为两种：信托组织与咨询组织。前者负责文化遗产的管理与维护工作，如英国国民信托（The National Trust）、^②苏格兰国民信托（The National Trust for Scotland）、建筑遗产基金（The Architectural Heritage Fund）、地标信托（The Landmark Trust）、园林信托（Gardens Trust）等；后者主要为政府提供遗产登记、遗产环境变更、遗址维护以及文物、古代建筑的购入等方面的技术咨询，如英国考古委员会（The Council for British Archaeology）、古建筑保护学会（SPAB）、古代纪念物学会（Ancient Monuments Society）、不列颠保护遗产学会（SAVE Britain's Heritage）等。这些民间组织对推进历史建筑保护起到了重要的推动作用：一方面，可以广泛收集和征求有关专家以及公众的意见，扩大了民众参与的深度与热情；另一方面，民众的参与也能起到监督和协助保护历史建筑的作用。现阶段英国的历史建筑保护与社会发展、文化教育、旅游经济等方面已经形成了良性循环。

此外，英国也是世界上最早倡导职业建筑师参与保护和维修全过程的国家，^③斯科特、斯崔特、韦伯和斯蒂文森都曾作为建筑师直接参与历史建筑修复项目，或者作为专家给予指导性建议。职业建筑师的参与在一定程度上避免了由于专业差异而产生的认知局限，对于保护与修复理念的技术性实施，以及

---

① 英国的建筑遗产保护分为三种类型：世界遗产、登录建筑和保护区。第一类，截至2018年英国有31项（包括自然遗产4项、文化遗产26项、文化与自然混合遗产1项）世界遗产，数量位居世界第8；第二类，英国现有登录建筑约为50万件，基本为历史建筑和历史构筑物，形式和类型多样，分散在全国；第三类，英国现有保护区4个。英国历史建筑保护体系以登录建筑和保护区为主要内容。此外，还有巴斯（Bath）、契切斯特（Chichester）、切斯特（Chester）和约克（York）4座重点保护的历史古城。

② 国民信托成立于1895年，原名"国家名胜古迹信托"（National Trust for Places of Historic Interest or Natural Beauty）。国民信托组织是英国一个脱离政府的、独立运作的公益组织，其活动范围包括英格兰、威尔斯和北爱尔兰地区（苏格兰有独立的"苏格兰国民信托"）。英国国民信托是世界上最大的保育组织和慈善团体之一，同时也是英国最大的"地主"和"房主"。国民信托拥有2550平方公里的乡村土地、1141公里长的海岸线、300座历史建筑和200个花园等的所有权、管理权及使用权。国民信托的主要收入来自会费（是英国拥有最多会员的组织）、捐款、遗赠，以及通过商业活动所获得的利润。因此，国民信托也被称为欧洲最成功的历史文化遗产和自然景观保护组织。

③ 朱晓明. 当代英国建筑遗产保护 [M]. 上海：同济大学出版社，2007：23.

后期改造利用都有重要作用。①

与之相较，我国作为历史文明古国，历史建筑保存数量巨大。截至2018年，我国不可移动文物达到76.7万处，其中大部分为历史建筑所构成，加之历史城市与传统村落，历史建筑保有数量不可计数。如果全部都要依靠国家现有制度予以保障，无疑是一件无法完成的工作。因此，发动民间团体和社会组织提供更多的资金与智力支持，以及激发民众参与的热情将是我国历史建筑保护事业发展的必然选择。

5.2　拉斯金建筑保护思想的思考

保护文物古迹的目的之一便是可以通过凝视过往，从已经发生的事件中汲取经验，为我们当下的生活以及将来的行动提供参考。同样，今天我们保护历史建筑的目的没有改变，所面临的问题也依然相似，即使拉斯金那些曾经被奉为箴言的话语已经不再被当下的人们所重视，也仍有其存在的价值和意义。通过重新审视拉斯金的保护理念，不断反思保护历史建筑的目的，为当下的实践提供参照的视角和实践的依据。

1. 培养文物古迹的审美意识

历史建筑作为文化遗产不仅有其历史价值、文化价值、社会价值、科学价值以及使用价值等形式，同时历史建筑也是古代艺术作品，具有艺术价值与审美价值。当下，国际上重要的保护宪章或公约文件为求得遗产的共同认知，往往强调遗产的"突出的普遍价值"，缺乏对于遗产情感类价值的具体描述，即使提及也常常点到为止。同样，比照我国新旧两版《中国文物古迹保护准则》，其中也没有涉及情感类价值的条目。即便在对"艺术价值"的阐释中，强调的也是"文物古迹作为人类艺术创作、审美趣味、特定时代的典型风格的

① 职业或专业的不同往往会对保护对象的认知产生偏差，而历史建筑的价值阐释往往需要从不同的视角予以分析。因此，职业建筑师的介入可以拓展建筑遗产的社会价值与使用价值。具体论述详见：郭龙. 价值、阐释与真实：五龙庙环境整治项目思考 [J]. 世界建筑，2017（8）：123–126.

图5-5　乾陵神道被洗白的石狮，2014年摄
（图片来源：http://history.sina.com.cn/lszx/whrd/2014-11-29/1248110106.shtml）

实物见证的价值"①。这一阐释其本质仍然是一种基于艺术史或美术史的历史价值阐释，而非建筑作为艺术品被人们所欣赏或审美的价值。

　　反观当下，在近年我国文物古迹保护相关的新闻中，大众对古迹被"过度修复"的现象表达了强烈的不满，如"最美野长城抹平事件"、"西安乾陵千年石刻洗白事件"（图5-5、图5-6）、"辽宁云接寺壁画修复项目"、"大足石刻千手观音保护项目"等。②在这些保护或修复项目所引发的讨论中，我们可以明确地感受到普通大众审美意识的转向。人们并没有对修复一新或"洗白"的古迹表现出好感，而是对古迹"残""旧"所表现出的历史沧桑情有独钟。如果说普通大众之前更加关注古迹是不是"真"，而现在他们则更加关注古迹是不是"美"。这种由"喜新"向"喜旧"的变化，在某种程度上预示着人们对于古迹"审美价值"的需求，同时也预示着"岁月价值"的兴起。

---

① 国际古迹遗址理事会中国国家委员会. 中国文物古迹保护准则［M］. 北京：文物出版社，2015：7.

② 前面三项案例均因缺乏基本的文物保护意识与价值判断，从而致使保护对象被强制加固或外观被清洗刷新，严重破坏了古迹的历史价值与审美价值。后面一项，则因保护对象为宗教遗产，且本体面临严重的结构问题，需要进行紧急加固，以及原有材料老化而无法进行金箔回贴等技术性原因而最终选择"重塑金身"。前后两种情况具有本质性差别，但都能反映出大众对于古迹所展现出来的"古旧外观"的欣赏，而这种古旧外观也是"岁月价值"的外在体现。

图5-6　乾陵神道两侧被洗白的石人，2014年摄

（图片来源：http://history.sina.com.cn/lszx/whrd/2014-11-29/1248110106.shtml）

　　相较于我国历史建筑群所呈现出来的"新"，英国的历史建筑更多地呈现出的是一种"旧"，甚至是一种"废墟"状态（图5-7~图5-9）。这种外在的视觉效果不仅完整地呈现了建筑的历史价值，同时也产生了一种"如画景观"的审美情感。当然，这种"如画之美"的呈现既需要古迹自身具有相应的品质与条件，也需要观者具备欣赏或体验这种美的能力。正如拉斯金在《现代画家》中所说："（当观者面对一幅画面）心灵的这种印象永远不可能仅仅从框进画面的这一小片景物中获得。它取决于观众的心灵被带入怎样一种情绪，这既取决于画面之外的周遭景物，也取决于观众在这一天先前的时光看见过什么……而不是孤立地从展厅墙面上看①。对于这种审美价值的选择既源于英国的浪漫主义传统，也源于拉斯金所倡导的反修复式保护理念，而保护者所做的就是在平衡各项价值的基础上进行真实地呈现。

　　古迹之于观者不仅是一种逝去的历史与文化的呈现，同时也是一种情感上

———————————

① Ruskin J, Cook E. T, Wedderburn A. The Works of John Ruskin: Modern Painters Volume 1［M］. Longmans, Green and Co, 1903：22.

图5-7　梅尔罗斯修道院（Melrose Abbey），2012年摄

（图片来源：http://blog.sina.cn/dpool/blog/s/blog_48b0d0290102ejfm.html?vt=4）

图5-8　斯塔德利皇家花园（Studley Royal Garden），2012年摄

（图片来源：http://blog.sina.cn/dpool/blog/s/blog_48b0d0290102eiuu.html）

图5-9　斯塔德利花园内的喷泉修道院（Fountains Abbey），2012年摄

（图片来源：http://blog.sina.cn/dpool/blog/s/blog_48b0d0290102eiuu.html）

的观照。因此，并非所有的古迹都需要被完整地保护或修复，对于那些历史价值较小或者已经沦为废墟的建筑，我们可以选择展现其更多的审美价值或情感价值。而在对待它们的具体方法上，需要的可能仅仅是对于现状的维持，这种维持不以延长古迹的寿命为目的，甚至是一种放任的衰败状态。

2. 宗教遗产保护观念的拓展

与普通意义上的遗产形式不同，宗教遗产作为一种不断被人们所崇拜的对象有其独特的神圣性。如位于意大利中部托斯卡纳大区的卢卡教堂内供奉着一尊12世纪的耶稣木雕（据传这尊木雕最为真实地刻画了耶稣的形象，所在的教堂被称为"Volto Santo"，即圣容教堂）。对于艺术史学家而言这尊雕像或许只是一尊用木头雕刻的诺曼风格的耶稣受难像。然而，对于那些今天仍然虔诚的朝圣者而言，这尊雕像就是耶稣形象的附身。甚至在不同的历史时期里，雕像还被信徒们套上了不同的外衣。同样，在中国佛教造像的修复传统里也有着

图5-10　伊势神宫新旧并存照片，2013年摄
（图片来源：https://www.zhihu.com/question/40444862）

"重塑金身"的说法。

　　因此，宗教遗产作为一种特殊的遗产形式，既有着文物的历史价值与艺术价值，同时还具有精神价值。作为崇拜的对象，遗产本身也一直处于被"使用"的状态，并且这一状态在某种程度上已经构成了相关文化的传统，或者某种祭祀仪式的固定组成部分。而作为信仰所在的场所及建筑也常常被这一传统所影响。最为典型的案例就是日本"式年造替"制度，即在一定的年限内对神明的居所进行定期的修缮或重建。在日本神道教传统中，每20年就会对供奉神明的宫殿进行一次整修。其具体方式是在神明所居神殿旁的空地上建一座和现在神殿完全相同的新殿，然后把神明请到新殿内供奉（图5-10）。20年后再用

图5-11　河北衡水宝云寺重建后的大殿，2017年摄
（图片来源：作者自摄）

同一种方式在原有空地上重建神殿，并将神明重新迁回原处。①

　　精神信仰作为特殊因素，在一定程度上决定了宗教遗产与普通文物古迹之间的差别，因此在制定保护与修复方案时就需要进行充分考虑。然而，文化传统有别，宗教观念也不尽相同，并不是宗教建筑都可以进行重建和复建活动。近十几年来，我国许多地区为推动旅游经济发展，纷纷对已有佛寺道观进行扩建（图5-11、图5-12）。更有甚者，因原有殿堂不够气势宏伟而将其拆除重建。纵然这些扩建或重建的寺观建筑严格遵循了某种宗教建筑规制，但寺观环境的改变必然导致原有历史价值与真实性的丧失。与其大规模地修建这些仿古建筑，反而不如择址另建，或者在保留原有建筑的基础上进行适当改造，甚至可

---

① 据文献记载，日本天武天皇14年（公元685年）确定实施伊势神宫的式年迁宫典，持统天皇4年（公元694年）举行了第一次迁宫，此后每20年迁宫一次，至今已经进行了62次迁宫。因此，这一活动也被称为"式年迁宫"。（参见：何晓芳. 浅析日本传统文化的传承特点——以伊势神宫的"式年迁宫"为中心 [J]. 赤峰学院学报，2014（008）：129-131.）除伊势神宫外，日本奈良的春日大社（かすがじんじゃ）自公元768年创建以来历经1200年，同样每20年进行一次"式年造替"，至今已经进行了60次造替。春日大社从公元9世纪起禁止采伐周边树木，原始环境得到有效保护，现春日大社及周边景观一起被联合国教科文组织列入《世界遗产名录》。

图5-12　修缮后的河北衡水宝云寺砖塔，2017年摄
（除古塔外，所有建筑物均为20世纪90年代重建，其建筑形制均为仿唐风格。宝云寺塔在2006年6月被公布为国家重点文物保护单位）
（图片来源：作者自摄）

以结合当下的技术条件设计符合时代审美的寺庙宫观。

3．适应性改造与保护性利用

　　对于规模庞大而历史价值不是特别高的历史街区或工业遗产而言，通过改造使之具有一定的商业价值或游览功能是提升其价值的有效途径。历史建筑的适应性改造不仅可以创造经济价值，日常性的使用与维护也可以帮助建筑延长其寿命从而获得新生。就改造原则而言，新植入的功能应契合并尊重原有建筑空间形态，不改变原有建筑空间格局与结构形式；业态的选择也应符合改造对象的身份，不改变原有建筑外观形象与内在气质。在具体改造方法上则可以相对灵活，既可以选择与原有建筑材质相近的地域性材料，从而形成"延续统一"的印象；也可以选用具有鲜明时代特色的现代材料，呈现"对比相异"的效果。但无论选择哪种形式，都应"尽可能减少对历史建筑或古迹遗址本体的破坏"（图5-13～图5-15）。

图5-13 西班牙马洛卡岛帕玛尔羊毛厂（Can Ribas Factory）遗址改造鸟瞰，2016年摄

（图片来源：http://www.gooood.hk/Can-Ribas-factory-By-JJFF.htm）

图5-14　西班牙马洛卡岛帕玛尔羊毛厂（Can Ribas Factory）遗址改造遮阳长廊1，2016年摄

（图片来源：http://www.gooood.hk/Can-Ribas-factory-By-JJFF.htm）

图5-15　西班牙马洛卡岛帕玛尔羊毛厂（Can Ribas Factory）遗址改造遮阳长廊2，2016年摄

（图片来源：http://www.gooood.hk/Can-Ribas-factory-By-JJFF.htm）

　　对于那些历史价值较高且具审美价值的古迹而言，则不应该选择改造与利用这一方式。如西班牙萨贡托古罗马剧场（Roman theatre of Sagunto）遗址修复就被认为是利大于弊的案例。①尽管修复工程保留了部分废墟，材质选用与废墟颜色相近的素混凝土，且重建部分也保持了朴素简洁的风格。但新建的弧形观众席与演出的舞台用房仍坐落于原有废墟与墙体之上，对原有遗址造成了大面积覆盖（图5-16、图5-17）。此外，因年代久远剧场没有留下相关图纸，重建是按照理想化的古罗马剧场推测而来。

　　萨贡托古罗马剧场修复充分说明了在古迹保护过程中，即使在形式与材料上保持克制，但无确切史料证明的修复仍然会对古迹的真实性造成伤害。因此，对于那些历经千年沧桑的遗迹而言，残缺比完整更有价值，真实也比臆想能给人以遐想的空间。

图5-16　西班牙萨贡托古罗马剧场遗址（The Ruins of the Roman Theatre of Sagunto）1，2009年摄

（图片来源：http://www.spainisculture.com/en/monumentos/valencia/teatro_romano_de_sagunto.html）

---

① 剧场最初建造于公元前5年到公元前1年之间，古剧场一次可容纳6000名观众同时观看演出。剧场遗址在被埋藏数个世纪后于1988年被发现，此后开始进行重建与修复，至1993年完成。剧场的修复行为遭到了起诉，并在2007年被认定为非法。

图5-17　西班牙萨贡托古罗马剧场遗址（The Ruins of the Roman Theatre of Sagunto）2，2009年摄

（图片来源：http://www.spainisculture.com/en/monumentos/valencia/teatro_romano_de_sagunto.html）

4. 历史环境的过度性开发与破坏性整治

在历史建筑保护项目中，建筑本体往往是重点保护内容，而环境却是常被忽视的对象。其实在1931年"第一届历史纪念物建筑师及技师国际会议"通过的《关于历史性纪念物修复的雅典宪章》就已经明确了历史环境的意义。①历史建筑所在的环境同属保护对象，同时也是体现建筑各项价值的重要内容。然而，在当下的历史建筑保护项目中，选择改造环境从而衬托核心保护对象的案

---

① 《关于历史性纪念物修复的雅典宪章》第三条"提升文物古迹的美学意义"一节中明确提出：在建造过程中，新建筑的选址应尊重城市特征和周边环境，特别是当其邻近文物古迹时，应给予周边环境特别考虑。一些特殊的建筑群和风景如画的眺望景观也需要加以保护。以及，从保存其历史特征的角度出发，有必要研究某些纪念物或纪念物群合适配置何种装饰性的花木。会议特别强调，在具有艺术和历史价值的纪念物的邻近地区，应杜绝设置任何形式的广告和树立有损景观的电杆，不许建设有噪声污染的工厂和高笋柱状物。原文详见：联合国教科文组织世纪遗产中心，国际古迹遗址理事会，国家文物局等. 国际文化遗产保护文件选编 [M]. 北京：文物出版社，2007：5.

例并不少见。通过将"历史建筑"与"周边环境"分割对立的手法给观者营造一种时空上的奇特感受，从而增加场所对观者的吸引力。这种古今对立的手法给观者在古迹整体认知上带来了一定的混淆，特别是对于那些历史年代久远但本体又相对脆弱的单体建筑或遗址将造成不可挽回的破坏。

西班牙梅里达戴安娜罗马神殿（The Roman Temple of Diana in Mérida）环境改造项目就采取了上述类似策略（图5-18、图5-19）。项目由西班牙建筑师何塞·马里亚·桑切斯·加西亚（Jose Maria Sanchez Garcia）负责，该设计方案在神庙周围三个方向使用混凝土浇筑了围合式的白色景观平台。加西亚的初衷或许是希望通过新建的观景平台将神殿与周边杂乱的环境进行隔离，同时让简洁现代的建筑与古老残损的神庙形成一种视觉上的对比，从而增加神殿的历史感。但白色景观平台的出现彻底改变了这个古老遗迹的场所精神，从而将神

图5-18　位于西班牙梅里达的戴安娜罗马神殿（The Roman Temple of Diana in Mérida）鸟瞰

（图片来源：卢西亚诺·库佩洛尼，张萃. 对古代世界的干预：启示、理论与案例[J]. 景观设计学，2014（6）：36-54.）

图5-19　位于西班牙梅里达的戴安娜罗马神殿（The Roman Temple of Diana in Mérida）观景台

（图片来源：卢西亚诺·库佩洛尼，张萃. 对古代世界的干预：启示、理论与案例 [J]. 景观设计学，2014（6）：36–54.）

庙从原有的历史环境中抽离出来。空间格局与尺度的改变，将神庙从祭拜神明的场所，变成了展示自身的舞台，从而丧失了原有空间的神圣性。

　　我国山西芮城"五龙庙环境整治工程"[①]也是一个典型通过改变环境而展示历史古迹的案例，与梅里达戴安娜罗马神殿修复采取了相似的策略。建筑师王辉在原建筑周边的土台之上建起了一圈围墙，将五龙庙与周边村庄分割开来。在庭院内部，通过错落景墙又划分出数个不同主题的庭院，其中一个庭院内摆放了五龙庙、南禅寺、佛光寺和天台庵的足尺仿制斗栱（材质为钢板与混凝土），以展示五龙庙的历史价值与斗构造（图5-20、图5-21）。同样作为建筑师，王辉与加西亚或许有着相似的初衷，即通过环境的重新建构为观者营造一种戏剧性效果，从而产生某种超越时空的对话可能。然而，场所的改变将五龙庙从原有历史环境中剥离出来，从削弱了建筑及其所在环境的整体性。但另一

---

① 广仁王庙位于山西省芮城县城关镇龙泉村北端，坐北朝南的高阜之上。现存唐代道教正殿与清代戏台各一座，南北呈轴线排列。正殿内奉水神广仁王，故名"广仁王庙"。因五龙泉水从庙前涌出，又俗称其为"五龙庙"。五龙庙正殿为全国仅存的4座唐代木构建筑之一，且在1965年就被山西省立为重点文物保护单位，2001年又被国务院批准列入第五批全国重点文物保护单位，五龙庙正殿及其对面的清代戏台在2015年得到专款并进行了加固与修复。

图5-20　环境整治完成后的五龙庙鸟瞰，2016年摄

（图片来源：http://www.jiemian.com/article/1322042.html）

图5-21　环境整治完成后的五龙庙斗栱院，2016年摄

（图片来源：http://www.jiemian.com/article/1322042.html）

图5-22　希腊菲罗帕波斯山和雅典卫城（Filopappos Hill and Acropolis）道路
系统1

（图片来源：卢西亚诺·库佩洛尼，张苤. 对古代世界的干预：启示、理论
与案例[J]. 景观设计学，2014（6）：52.）

方面，五龙庙的环境整治也激发了场所的活力，整治后的五龙庙吸引了村民的
到来，使得这个长期处于荒废状态的村野小庙成为村民茶余饭后休闲聚集的公
共场所。伴随着历史价值、社会价值与文化价值的此消彼长，五龙庙也一度成
为学界争论的焦点。①

　　在历史环境保护方面，较为成功的案例是1942年雅典菲罗帕波斯山
（Filopappos Hill）和雅典卫城（Acropolis）的道路系统规划项目。该项目尽管
没有建造任何新的构筑物，但是却激发了城市、山体、植被和雅典城之间的互
动关系，并在空间形态和材质使用上实现了与原有地形环境的较好融合（图
5-22、图5-23）。从而恰当处理了历史价值与审美价值之间的和谐关系。正如

---

① 郭龙. 价值、阐释与真实：五龙庙环境整治项目思考 [J]. 世界建筑，2017（8）：124–127.

图5-23　希腊菲罗帕波斯山和雅典卫城（Filopappos Hill and Acropolis）道路系统2

（图片来源：卢西亚诺·库佩洛尼，张苹. 对古代世界的干预：启示、理论与案例[J]. 景观设计学，2014（6）：52.）

项目主持人季米特里斯·皮吉奥尼斯（Dimitris Pikionis）所说："没有任何事物是孤立的，所有的事物都是共同和谐的一部分。所有的事物都互相渗透、相互影响，并相互转化。如果不将事物置于其他事物中思考，你将很难理解某一个体。"①

　　总而言之，历史环境的整治与修复不一定要使用现代的语言或昂贵的材料，过度的修复也会损害古迹的各项价值。保护历史建筑最好的办法便是尽可能不改变原有环境的空间关系与古迹的存在状态。然而，就历史建筑保护与修复的意义而言，延续历史文化与传递民族情感才是其最终目的。因此，对于古迹的每一次人为干预都是一种价值的评判与选择过程，对于我们来说，重要的是哪些价值需要被取舍抑或是展现。

本章小结

　　从整体印象来看，英国的历史建筑保护理念较为"保守"。然而，或许正是这种以"保护为主，修复为辅"的做法才使英国保留了丰富的中世纪建筑，并使之呈现出一种独特的审美价值。当然这一成就的取得，既源自英国独特的浪漫主义传统，同时也得益于拉斯金所奠定的思想与理论基础。时至今日，拉斯金的建筑思想与保护理论仍具有重要价值，所倡导的原则在当代历史建筑保护实践中依然具有重要的指导作用。

---

① 卢西亚诺·库佩洛尼，张苹. 对古代世界的干预：启示、理论与案例[J]. 景观设计学，2014（6）：52.

参考文献

✦

[1] Ruskin J, Cook E. T, Wedderburn A. The Works of John Ruskin: Seven Lamps of Architecture[M]. Longmans, Green and Co, 1903.

[2] Ruskin J, Cook E. T, Wedderburn A . The Works of John Ruskin: The Stone of Venice and Examples of The Architecture of Venice[M]. Longmans, Green and Co, 1903.

[3] Ruskin J, Cook E . T, Wedderburn A . The Works of John Ruskin: Modern Painters Volume 1—5 [M]. Longmans, Green and Co, 1903 .

[4] Ruskin J, Cook E. T, Wedderburn A. The Works of John Ruskin: The Cestus of Aglaia and The Queen of The Air, with Other Parers and Lectures on Art and Literature [M]. Longmans, Green and Co, 1903.

[5] Ruskin J, Cook E. T, Wedderburn A . The Works of John Ruskin: Lectures on Architecture and Panting with Other Papers [M]. Longmans, Green and Co, 1903 .

[6] Ruskin J, Cook E T, Wedderburn A. The Works of John Ruskin: Poems [M]. Longmans, Green and Co, 1903.

[7] Chauncey B.Tinker . The Selection from the works of John Ruskin [M]. The Riverside Press, 1908.

[8] Henry Ladd. The Victorian Morality of art: An Analysis of Ruskin's Esthetic [M]. Ray Long &R.Smith, Inc., 1932.

[9] John Ruskin. The Seven Lamps of Architecture [M]. John W.Lovell Company, 1885.

[10] John Ruskin. The Stones of Venice [M]. John W.Lovell Company, 1885.

[11] John Ruskin. The Two Paths [M]. George Allen & Sons, 1907.

[12] John Ruskin. "A Joy for Ever" ; The Two Paths. George Allen & Sons, 1907.

［13］ John Ruskin. The Nature of Gothic ［M］. Oxford University Press, 2009.

［14］ Ruskin J. Fors clavigera: Letters to The Workmen and Labourers of Great Britain ［M］. John Wiley & Sons, 1902.

［15］ Cornelis J. Baljo. The Structure of Architectural Theory: A Study of Some Writings by Gottfried Semper, John Ruskin, and Christopher Alexander ［M］. Geboren Te Oegstgeest Stedebouwkundig Ingenieur, 1993.

［16］ Dinah Birch. Ruskin and the Dawn of the Modern ［M］. Oxford University Press, 1999.

［17］ Barry Jones. Dictionary of World Biography ［M］. The Australian National University ANU Press, 2017.

［18］ Walter E. Houghton, The Victorian Frame of Mind, 1830—1870 ［M］. Yale University Press, 1957.

［19］ Nikolaus Pevsner. Walter Neurath memorial lectures ［M］. Thames & Hudson Ltd, 1970.

［20］ Stephan Tschudi-Madsen. Restoration and Anti-restoration: A Study in English Restoration Philosophy ［M］. Universitetsforlaget, 1976.

［21］ Jukka Jokilehto. A History of Architectural Conservation ［M］. Butter - worth-Heinemann Educational and Professional Publishing Ltd, 2002.

［22］ Olimpia Niglio. John Ruskin: The conservation of the cultural heritage ［D］. Kyoto: Kyoto University of Graduate School of Human and Environment Studies, 2013.

［23］ Alois Riegl. The Modern Cult of Monuments: Its Character and Its Origin ［M］. Kurt W. Forster, Diαne Ghirardo Translated. Oppositions, 1982（25）.

［24］ David Lowenthal. The Past is a Foreign Country ［M］. Cambridge University Press.1999.

［25］ Henry Ladd. The Victorian Morality of Art: An Analysis of Ruskin's Esthetic ［M］. Ray Long &R.Smith, Inc., 1932.

［26］ Barry Jones. Dictionary of World Biography ［M］. The Australian National University ANU Press, 2017.

［27］ Cornelis J. Baljo. The structure of architectural theory　——A Study of Some Writings by Gottfried Semper, John Ruskin, and Christopher Alexander ［M］. Geborente Oegstgeest Stedebouwkundig Ingenieur, 1993.

［28］ W.G.Gollinwood. The Life And Work of John Ruskin ［M］. Boston And New York Houghton Mifflin And Company, 1893.

［29］ Dinah Birch, ed. Ruskin and the Dawn of the Modern ［M］. Oxford University Press 1999.

［30］ Whistler M N. The gentle art of making enemies ［M］. Kessinger Publishing,

1931.

[31] Walter E.Ho ughton. The Victorian Frame of Mind, 1830—1870 [M]. Yale University Press, 1957.

[32] Nicholas Price, M. Kirby Talley,Alessandra Melucco Vaccaro Editor. Historical and Philosophical Issues in the Conservation of Cultural Heritage [M]. Getty Publications, 1996.

[33] Stanley N. Historical and philosophical issues in the conservation of cultural heritage [M]. Getty Conservation Institute, 1996.

[34] Branfoot, Norman S M. A Plea for The Faithful Restoration of Our Ancient Churches [J]. RNA, 2004, 21 (4).

[35] Petit, John Louis, Remarks on church architecture [M]. J. Burns press, 1841.

[36] John Milner, A Dissertation on the Modern style of Altering Ancient cathedrals [M]. Gale Ecco, Print Editions, 1811.

[37] Joan Evans. A History of the Society of Antiquaries [M]. Oxford Press, 1956.

[38] Chris Miele.Miele C. From William Morris : Building Conservation and The Arts and Crafts Cult of Authenticity, 1877—1939 [M]. Yale University Press, 2005.

[39] Matthew Arnold. Dover Beach and Other Poems [M]. Dover Publications, 1994.

[40] Eugene-Emmanuel Viollet-Le-Duc. The Foundations of Architecture: Selections from the Dictionnaire Raisonne [M]. George Braziller Inc, 1990.

[41] John Dixon Hunt. Ut Pictura Poesis, The Picturesque, and John Ruskin [J]. MLN, Vol. 93, 5.

[42] Nicholas Stanley Price. Historical and Philosophical Issues in The Conservation of Cultural Heritage [M]. Los Angeles The Getty Conservation Institue 1996.

[43] Tim Hilton. John Ruskin the Later Years [M]. Yale University Press, 2000.

[44] J. L. Bradley. Ruskin: The Critical Heritage [M]. Routledge Reprint, 1996.

[45] Unrau, John. Looking at Architecture With Ruskin [M]. Thames and hudson. 1978.

[46] John Unrau. Ruskin and St Mark's [M]. Thames & Hudson, 1984.

[47] Walter E.Ho ughton, The Victorian Frame of Mind:1830—1870 [M]. Yale University Press, 1957.

[48] Whistler M. N. The Gentle Art of Making Enemies [M]. Kessinger Publishing, 1931.

［49］Bernard M. Feilden. Conservation of Historic Buildings［M］. Architectural Press, 1994.

［50］（英）约翰·拉斯金. 特纳和前拉斐尔派［M］. 李正子，潘雅楠，译. 北京：金城出版社，2012.

［51］（英）约翰·拉斯金. 过去［M］. 刘平，译. 北京：金城出版社，2012.

［52］（英）约翰·拉斯金. 威尼斯之石［M］. 孙静，译. 济南：山东画报出版社，2014.

［53］（英）罗斯金. 艺术与道德［M］. 张凤，译. 北京：金城出版社，2012.

［54］（英）约翰·拉斯金. 建筑的诗意［M］. 王如月，译. 济南：山东画报出版社，2012.

［55］（英）约翰·罗斯金. 建筑的七盏明灯［M］. 谷意，译. 济南：山东画报出版社，2012.

［56］（英）约翰·罗斯金. 建筑的七盏明灯［M］. 张璘，译. 济南：山东画报出版社，2006.

［57］（英）约翰·罗斯金. 艺术十讲［M］. 张翔，张改华，郭洪涛，译. 北京：人民大学出版社，2008.

［58］（英）约翰·罗斯金. 现代画家［M］. 唐亚勋，译. 桂林：广西师范大学出版社，2005.

［59］（德）汉诺-沃尔特·克鲁夫特. 建筑理论史——从维特鲁威到现在［M］. 王贵祥，译. 北京：中国建筑工业出版社，2005.

［60］李德顺. 价值学大词典［M］. 北京：中国人民大学出版社，1995.

［61］郑时龄. 建筑批评学［M］. 北京：中国建筑工业出版社，2014.

［62］迟轲. 西方美术理论文选：古希腊到20世纪［M］. 南京：江苏教育出版社，2005.

［63］魏怡. 罗斯金美学思想中的宗教观［M］. 北京：知识产权出版社，2014.

［64］滕晓铂. 威廉·莫里斯设计思想研究［D］. 北京：清华大学，2008.

［65］胡恒. 不分类的建筑2［M］. 上海：同济大学出版社，2015.

［66］（法）皮埃尔·诺拉. 记忆之场：法国国民意识的文化社会史［M］. 黄艳红，译. 南京：南京大学出版社，2015.

［67］（意）阿尔多·罗西. 城市建筑学［M］. 黄士钧，译. 北京：中国建筑工业出版社，2006.

［68］（德）瓦尔特·本雅明. 机械复制时代的艺术［M］. 李伟，郭冬，编译. 重庆：重庆出版社，2006.

［69］刘须明. 罗斯金艺术美学思想研究［M］. 南京：东南大学出版社，2010.

［70］（德）康德. 论优美感和崇高感［M］. 何兆武，译. 北京：商务印书馆，2004.

［71］（德）康德. 判断力批判［M］. 李秋零，译. 北京：中国人民大学出版社，2011.

［72］黄简. 历代书法论文选［M］. 上海：书画出版社，1979.

［73］陈德如. 建筑的七盏明灯——浅谈罗斯金的建筑思维［M］. 台北：台湾商务印书馆，2006.

［74］（意）卡西娅. 欧洲建筑遗产修复的方法与技术［M］. 许榵，李婧竹，蒋维乐，译. 武汉：华中科技大学出版社，2015.

［75］（法）维克多·雨果. 巴黎圣母院［M］. 陈敬容，译. 北京：人民文学出版社，1982.

［76］陈曦. 建筑保护思想的演变［M］. 上海：同济大学出版社，2016.

［77］陈平. 李格尔与艺术科学［M］. 杭州：中国美术学院出版社，2002.

［78］（芬兰）尤嘎·尤基莱托. 建筑保护史［M］. 郭旃，译. 北京：中华书局，2011.

［79］（法）弗朗索瓦丝·萧伊. 建筑遗产的寓意［M］. 寇庆民，译. 北京：清华大学出版社，2013.

［80］（美）约翰·H·斯塔布斯，艾米丽·G·马卡斯. 欧美建筑保护：经验与实践［M］. 申思，译. 北京：电子工业出版社，2015.

［81］梁思成. 梁思成文集 第一至九卷［M］. 北京：中国建筑工业出版社，2001.

［82］（古希腊）朗吉努斯，亚里士多德，贺拉斯. 美学三论：论崇高论诗学论诗艺［M］. 北京：光明日报出版社，2009.

［83］联合国教科文组织. 国际文化遗产保护文件选编［M］. 北京：文物出版社，2007.

［84］（英）马尔科姆·安德鲁斯著. 寻找如画美［M］. 张箭飞，韦照周，译. 南京：译林出版社，2014.

［85］朱晓明. 当代英国建筑遗产保护［M］. 上海：同济大学出版社，2007.

［86］王受之. 世界现代设计史［M］. 北京：中国青年出版社，2002.

［87］李晓东. 文物保护法概论［M］. 北京：学苑出版社，2002.

［88］邵甬. 法国建筑城市景观遗产保护与价值重现［M］. 上海：同济大学出版社，2010.

［89］（英）赫伯特·里德. 工业艺术的历史与理论［M］. 张楠，译. 天津：南开大学出版社，1986.

［90］郑立君. 20世纪早期罗斯金艺术思想在中国的译介［J］. 艺术百家，2015（03）.

[91] 周玉鹏. 约翰·拉斯金研究状况综述［C］// 世界建筑史教学与研究国际研讨会. 清华大学, 2009.

[92] 罗哲文. 古建筑维修原则和新材料新技术的应用——兼谈文物建筑保护维修的中国特色问题［J］. 古建园林技术, 2007（03）.

[93] 钱毅, 社凡丁. 试论我国当前近现代建筑遗产保护面临的若干问题［J］. 中国文化遗产, 2015（03）.

[94] 卢永毅. 历史保护与原真性的困惑［J］. 同济大学学报, 2006（5）.

[95] 常青. 历史建筑修复的"真实性"批判［J］. 时代建筑, 2009（03）.

[96] 李胜. 维欧勒·维奥莱·勒·杜克的理性思想及其影响［J］. 西部人居环境学刊, 2015, 30（01）.

[97] 刘临安. 意大利建筑文化遗产保护概观［J］. 规划师, 1996（1）.

[98] 刘临安. 当前欧洲对文物建筑保护的新观念［J］. 时代建筑, 1997（4）.

[99] 李军. 什么是文化遗产［J］. 文艺研究, 2005（4）.

[100] 李军. 文化遗产保护与修复理论模式的比较研究［J］. 文艺研究, 2006（2）.

[101] 詹长法. 意大利现代的文物修复理论和修复史［J］. 中国文物科学研究, 2006（4）.

[102] 杨萌, 林哲涵. 从历史观角度理解"原真性"［J］. 中国房地产, 2014（16）.

[103] 吴美萍, 国际遗产保护新理念——建筑遗产的预防性保护探析［J］. 中国文物科学研究, 2011（2）.

[104] 王一丁, 吴晓红. 试论我国近现代建筑遗产保护历程［J］. 建筑与文化, 2012（12）.

[105] 王柯平, 罗斯金论美的两种形态［J］. 美术观察, 2007,（2）.

[106] 秦红岭. 论约翰·罗斯金的建筑伦理思想［J］. 华中建筑, 2014（11）.

[107] 王发堂. 罗斯金的艺术思想研究——兼评《建筑的七盏明灯》［J］. 东南大学学报（哲学社会科学版）, 2009（06）.

[108] 吕舟. 论遗产的价值取向与遗产保护［J］. 城市与区域规划研究, 2009（2）.

[109] 戴维·希克瑞. 拜读罗斯金［J］. 史与论, 2000（2）.

[110] 蔡晴, 姚赯. 梁思成先生与中国的历史遗产保护事业［J］. 新建筑, 2005（4）.

[111] 郭龙. 历史建筑保护中"岁月价值"的概念、本质与现实意义［J］. 艺术设计研究, 2017（4）.

[112] 郭龙. 价值、阐释与真实：五龙庙环境整治项目思考［J］. 世界建筑, 2017（8）.

[113] 刘须明. 约翰·罗斯金与唯美主义艺术 [J]. 文艺争鸣, 2010（16）.

[114] 陆地. 风格性修复理论的真实与虚幻 [J]. 建筑学报, 2012（6）.

[115] 卢西亚诺·库佩洛尼, 张萃. 对古代世界的干预: 启示、理论与案例 [J]. 景观设计学, 2014（6）.

[116] 李红艳. 解读李格尔的历史建筑价值论 [J]. 建筑师, 2009（4）.

[117] 约翰·迪克逊·亨特. 诗如画, 如画与约翰·拉斯金 [J]. 潘玥, 薛天, 江嘉玮, 译. 时代建筑, 2017（6）.

[118] 马克思主义网https://www.marxists.org/archive/morris/works/index.htm.

[119] 维多利亚网站http://www.victorianweb.org/painting/ruskin/index.html.

[120] 图钉网https://www.pinterest.com/.

[121] 维基百科 https://es.wikipedia.org/wiki/Eug%C3%A8ne_Viollet-le-Duc.

[122] 英国遗产网 http://www.english-heritage.org.uk/.

[123] 信息保存网http://www.bcin.ca/English/home_english.html.

后　记

◆

　　今年是约翰·拉斯金逝世一百二十一周年，原本希望此书能够于去年付梓，以示对这位维多利亚时代伟人的敬意。然终因他事烦扰，以致拖延至今。此书脱稿于我在北京建筑大学建筑与城市规划学院历史建筑保护工程系做博士后时的结题报告，但对于拉斯金建筑思想的专门研究却源自我与拙荆在数年前夏日傍晚于望京花园河边散步时的闲谈。当时讨论的是宗教遗产的保护问题，当拙荆说到拉斯金的"反修复"主张时，我被这一概念深深吸引。之前虽阅读过他的《建筑的七盏明灯》，但仅对其建筑思想有粗略了解，并未对"反修复"这一概念留有深刻印象，因而好奇于拉斯金提出这一概念的背景与原因，这便成了我进行拉斯金建筑思想研究的最初动力。

　　博士后工作期间，我边参与历史建筑保护系的日常教学，边进行拉斯金著作与相关材料的整理与收集工作。同时，对我国当下建筑遗产保护理论的演变展开研究，进而形成本书的初稿，其间有数篇论文作为中期研究成果得以发表。

　　拉斯金90岁而终，其生命历程完整跨越了英国的维多利亚时代。作为那个时代的伟大贤哲，其思想宽广浩瀚。仅个人著作便有39卷之多，涉猎艺术、绘画、建筑、美学、文学、教育、经济等领域，范围之广令人慨叹。拉斯金不仅是艺术评论家，其文学修养也非常深厚，其著述文辞优美，语句清顺舒畅。然而，他的著作至今大部分仍没有完整的中译版本，仅部分畅销书被译介成中文。因而在书稿写作过程中，我将能够找到的中文译著均与英文原著进行比照，尽可能还原拉斯金的写作原意。然而，面对拉斯金的皇皇巨著，以及著作中那些细致入微的艺术描绘与情感体验，甚至某些看似相互矛盾的观点时，我也不禁心生唏嘘，因而难免出现个人揣测之意，或以偏概全之观点。疏漏之处在所难免，望同行专家与学者予以斧正，并在此予以感谢。

回顾过去数年经历，本书能得以成形，首先要感谢当年拙荆徐琪歆博士的点醒；其次要感谢拙荆的导师中央美术学院人文学院李军教授在研究之初给予的提示与点拨帮我廓清了研究的范围；而最需要感谢的是北京建筑大学建筑与城规学院的刘临安教授，作为合作导师，老先生在历史建筑保护方面的理论造诣令我受益匪浅，不但赞同我延续拉斯金的选题，更是对研究报告的写作予以悉心指正。此外，还要感谢历史建筑保护工程系的诸位同事，是他们各自的研究领域进一步拓展了我对于遗产边界的认知。最后要感谢中国建筑工业出版社的编辑们，是他们的支持使得本书得以出版。

最后，愿拉斯金的点点明灯在新的世纪里再次照亮我们建筑设计与遗产保护之路，寻回那些使建筑变得伟大的意义。

2020年12月
写于四川美术学院虎溪校区